NCS기반
기본 메이크업
Basic Make-up

송서현 유한나 윤오선 지음

JINSAEM 진샘미디어

저자소개

송서현 : 오산대학교 뷰티디자인과

유한나 : 인덕대학교 방송연예과 방송분장전공

윤오선 : 청암대학교 뷰티미용과

발 행 일 2018년 3월 12일

저 자 송서현, 유한나, 윤오선

발 행 인 최 봉 조

발 행 처 진샘미디어

주 소 서울시 은평구 연서로 5길 28
부호아파트 102동 상가 5호

전 화 02)353-4421 / FAX 02)353-4431

홈페이지 www.jinsaem.co.kr

신고번호 제311-2005-000025호

ISBN 979-11-88791-09-5 93590

정가 17,000원

머리말

인류가 탄생하면서부터 현대에 이르기까지 인간의 아름다움에 대한 욕구는 늘 존재해왔다. 현대 사회는 미(美)에 대한 욕구와 더불어 화장품 산업의 발달로 그 어느 때보다 메이크업이 각광받는 시대이다. 또한, 21세기 현대 산업에서 가장 중요한 산업인 미디어 문화산업 속 한류(韓流) 코드를 통한 메이크업 산업의 부가가치 창출이 눈이 부실 정도로 성장하고 있다.

이 책은 메이크업의 기본을 담았다. 산업현장에서 직무를 수행하기 위해 요구되는 국가직무능력표준(NCS, National Competency Standards)을 기반으로 메이크업 기초화장품 사용, 베이스 메이크업, 색조 메이크업, 속눈썹 연출의 능력단위를 중심으로 메이크업의 개념부터 메이크업에 필요한 도구, 메이크업 제품, 메이크업 테크닉과 메이크업 시 유의할 점까지, 메이크업 시 필요한 메이크업의 기본적인 지식과 실기 과정을 총 6개의 장으로 구성하여 메이크업 관련 학문을 시작하는 학생들과 미용인, 그리고 메이크업에 관심을 가지는 일반인들이 메이크업의 기본서로 사용할 수 있도록 하였다. 본 서적을 통하여 메이크업 인재들이 메이크업에 더 쉽게 다가가고, 메이크업 산업이 더욱 발전하게 되길 기대한다.

저자들 나름대로 독자들이 메이크업을 쉽게 이해하고 실습할 수 있도록 노력하였으나, 미흡한 부분이 있을 수 있을 것이라 생각되는 바이다. 그에 따른 독자들의 소중한 조언은 다음 개정에 반영할 수 있도록 노력할 것이다.

이 책이 나오기까지 정성을 다해주신 진샘미디어 편집부와 김경태 이사님, 모델 서혜림씨, 포토그래퍼 전의배 실장님께 감사드리며, 저자 일동은 기본 메이크업을 배우고자 하는 이들에게 도움이 되길 진심으로 바란다.

2018년 2월

저자 일동

CONTENTS

Chapter1 메이크업의 이해

Chapter2 메이크업 기초화장품

Chapter3 베이스 메이크업

Chapter4 색조 메이크업

Chapter5 속눈썹 연출

Chapter6 기본 테마 메이크업

NCS기반 기본메이크업

Basic Make-up

Chapter 1

메이크업의 이해

1
Chapter

메이크업의 이해

Ⅰ. 메이크업의 개념과 목적

ⅰ. 메이크업의 개념

1. 메이크업의 사전적 정의는 '제작하다, 보완하다'이다. 메이크업이란 메이크업 도구와 화장품을 이용하여 얼굴 또는 신체의 장점을 부각시키고, 단점을 보완 · 수정하여 메이크업하는 사람의 개성과 아름다움, 가치관 등을 표현하는 것이다.
2. 공중위생관리법에 의해 정의된 '메이크업 미용업'은 "얼굴 등 신체의 화장 · 분장 및 의료 기기나 의약품을 사용하지 아니하고 눈썹 손질을 하는 영업"이다.
3. 메이크업으로 자외선, 먼지 등 외부 자극으로부터 피부를 보호할 수 있으며, 얼굴의 균형과 조화를 맞추어 아름답게 꾸밀 수 있다.
4. 메이크업의 범위는 뷰티 메이크업, 분장, 아트 메이크업 등으로 분류되며, 얼굴 생김새 그대로 아름답게 꾸미는 스트레이트 메이크업(Straight makeup)과 무대 및 영상작품 등에서 배우 등 출연자의 캐릭터를 연출하는 캐릭터 메이크업(Character makeup)으로 구분되기도 한다.

ⅱ. 메이크업의 기원

1. 장식설 : 인간의 아름다움에 대한 욕구는 원시 시대부터 시작되었으며, 피부에 그림을 그리거나 문신을 하고, 얼굴 및 신체를 치장하여 육체적 아름다움을 표현하였다.

2. 본능설 : 이성을 유혹하고 종족을 보존하기 위한 목적으로 성적 매력을 표현할 수 있도록 치장하였다.
3. 보호설 : 곤충, 짐승, 기후 등 외부자극이나 위험으로부터 보호하기 위하여 얼굴과 신체에 채색하였다.
4. 표시설 : 신분, 종족, 계급, 성별, 연령, 결혼 유무 등을 구별하기 위한 표시적 목적으로 메이크업을 하였다.
5. 종교설 : 신에 대한 믿음을 표현하거나 병이나 악마로부터의 보호 의미의 주술적 목적을 위하여 얼굴이나 신체에 채색을 하였다.

▶ 장식설

▶ 신분표시설

iii. 메이크업의 기능

1. 보호기능 : 메이크업을 함으로써 자외선, 온도, 먼지, 오염 등 외부환경 또는 곤충, 동물 등 위험으로부터 피부를 보호하는 기능이 있다.
2. 미화 기능 : 메이크업 제품을 사용하여 얼굴 및 신체의 단점을 커버하고 장점을 표현하여 아름다움을 추구한다.
3. 심리적 기능 : 외모를 꾸밈으로써 심리적으로 자신감을 부여할 수 있으며, 개인의 가치관, 개성, 성격 등을 표현할 수 있다.
4. 사회적 기능 : 사회적 관습이나 종교적 관습, 의사전달, 예의 표현을 할 수 있으며, 신분, 계급, 직업 등을 나타낼 수 있다.

ⅳ. 메이크업의 분류

분류		특징
뷰티 메이크업	내추럴 메이크업	일반, 영상, 사진 등에 사용되는 자연스러운 메이크업
	패션 메이크업	패션쇼, 패션화보 등에 사용되는 메이크업
	웨딩 메이크업	결혼식에 어울리는 메이크업
	시대 메이크업	1930년대, 1940년대 메이크업과 같이 시대별 메이크업
분장	미디어 메이크업	광고, 드라마 등에 사용되는 영상방송 메이크업
	무대공연 메이크업	고전무용, 발레, 노역, 수염 등의 성격, 역할극에 어울리는 무대공연용 메이크업
	특수 분장	라텍스, 콜드폼 등 특수 재료를 이용한 메이크업
아트 메이크업	페이스 페인팅	얼굴 위주의 예술 메이크업
	환타지 메이크업	상체 위주의 예술 메이크업
	바디페인팅	전신(全身)의 예술 메이크업
속눈썹 메이크업	속눈썹 연출	인조속눈썹을 디자인하고 제작, 연출하는 메이크업
	속눈썹 연장	인조속눈썹을 이용하여 속눈썹을 연장하는 메이크업

Ⅱ. 메이크업 기초 이론

ⅰ. 얼굴 부위 명칭

1. 눈 부위 명칭

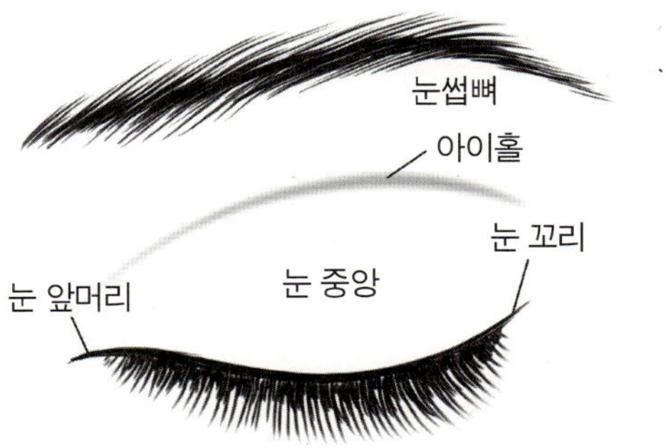

2. 눈썹 부위 명칭

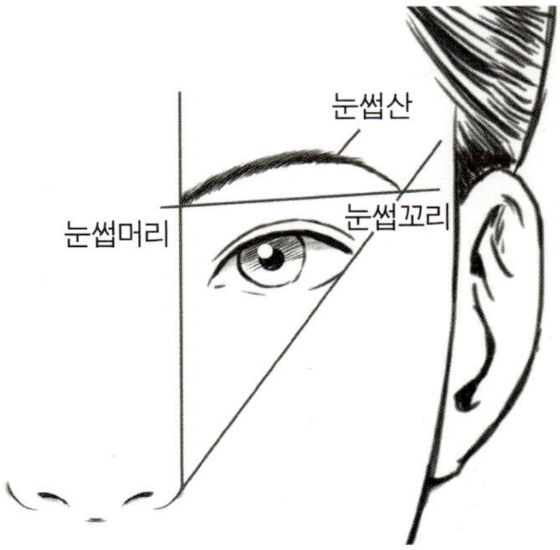

3. 입술 부위 명칭

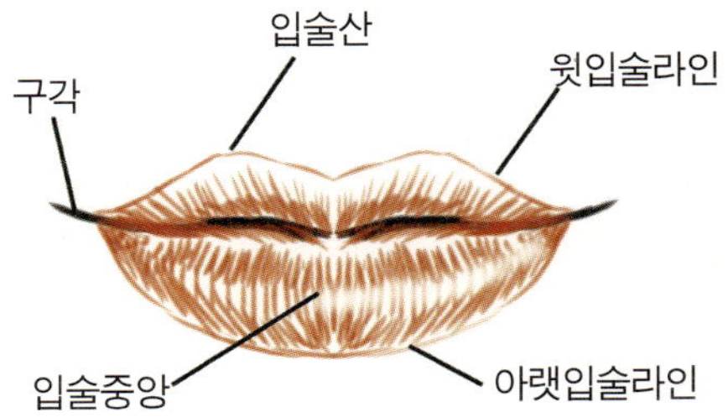

4. 얼굴 균형도

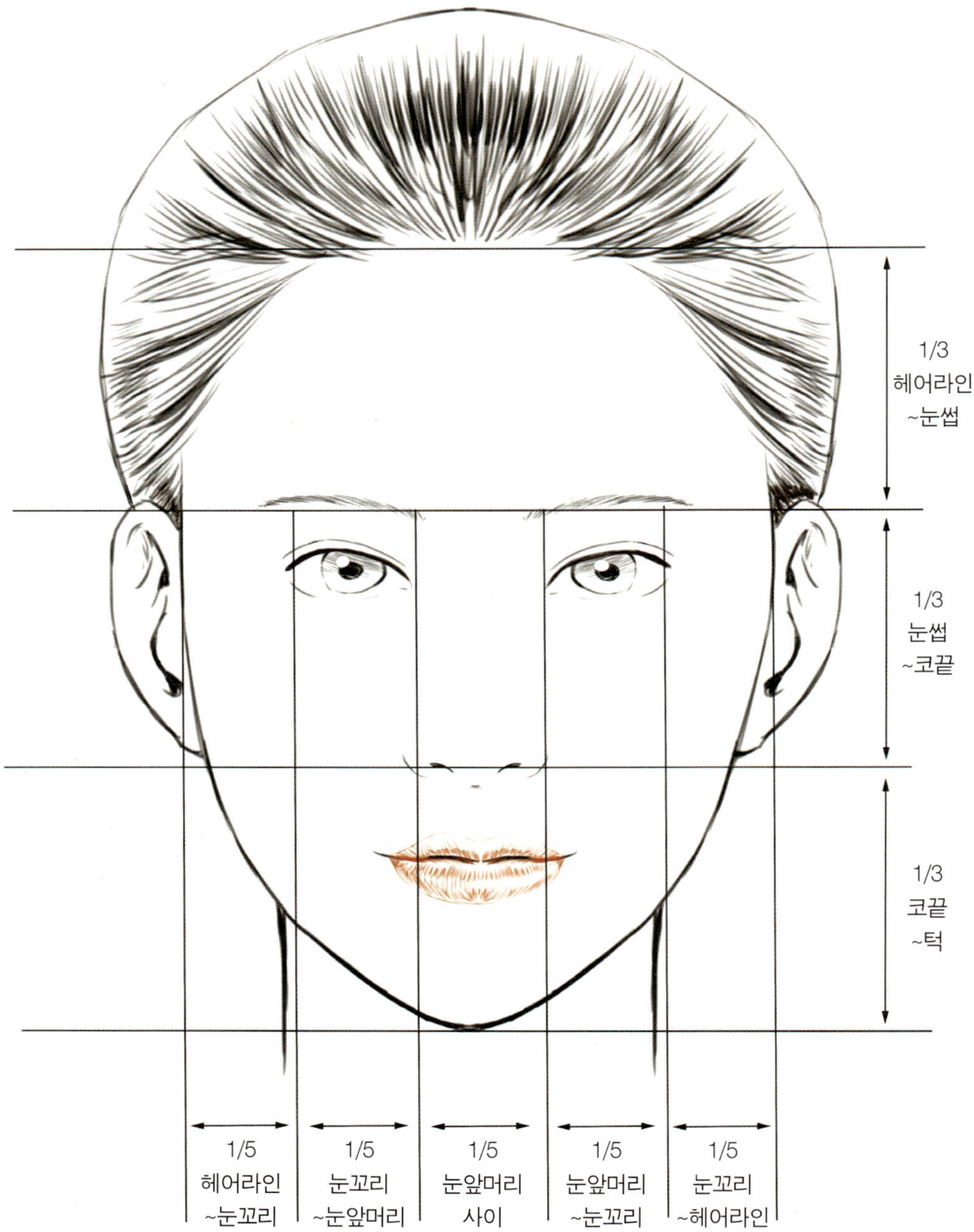
1/3
헤어라인
~눈썹
1/3
눈썹
~코끝
1/3
코끝
~턱
1/5
헤어라인
~눈꼬리
1/5
눈꼬리
~눈앞머리
1/5
눈앞머리
사이
1/5
눈앞머리
~눈꼬리
1/5
눈꼬리
~헤어라인

ii. 피부 유형의 종류

피부는 피지선과 한선 기능에 따른 피지 분비 상태에 따라 중성, 건성, 지성, 민감성, 복합성, 여드름 피부 등으로 분류된다. 완벽한 베이스 메이크업을 표현하기 위해서는 가장 먼저 피부 상태에 대한 정확한 진단이 필요하다.

1. 중성 피부

가장 이상적인 건강한 피부로 피지선과 한선 기능이 정상적으로 균형을 이룬 상태이다. 혈색이 좋고 탄력이 있으며, 모공이 작고, 피부 당김 증상이 없는 부드럽고 촉촉한 피부상태를 말한다.

2. 건성 피부

피지선과 한선의 기능 저하로 피지량, 수분량이 적은 건조한 피부이다. 모공이 작고 각질이 잘 생겨 표면이 거칠며, 세안 후 피부 당김이 심하고, 화장이 잘 뜬다. 피부가 얇고 잔주름이 잘 생기는 피부이다.

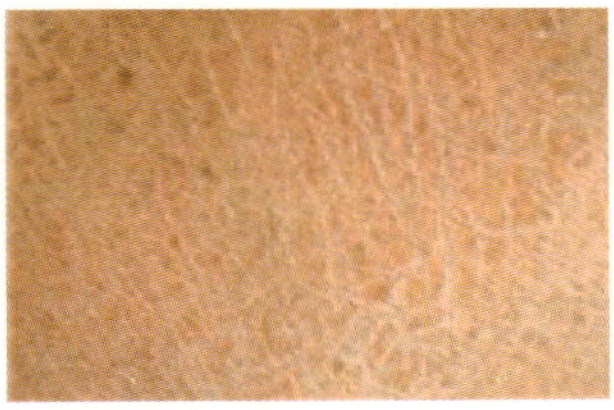

3. 지성 피부

피지선 항진으로 피지나 땀이 과다 분비되는 유형으로 주로 젊은층에 많이 나타난다. 피지분비량이 많아 외부 자극에 강하고 잔주름이 적으나, 모공이 넓고 번들거린다. 모공이 막혀 여드름, 면포가 나기 쉽고 메이크업이 쉽게 지워지는 편이다.

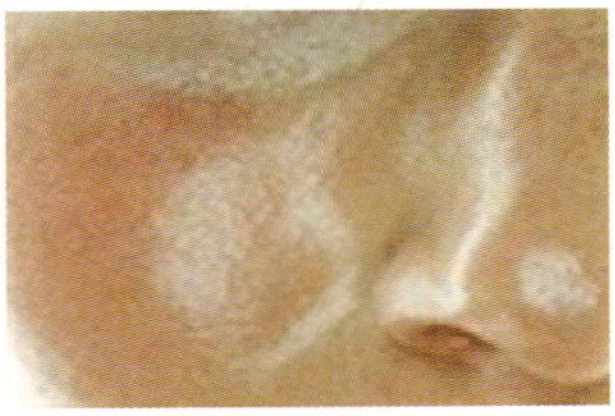

4. 민감성 피부

피부 면역 기능과 조절 기능이 저하되어 햇빛, 바람 등의 외부 환경 또는 화장품 등 가벼운 자극에도 예민하게 반응하는 피부이다. 질병, 환경 영향, 영양부족, 각질층 이상 등의 다양한 원인에 의해 피부 홍반, 습진, 발열 등의 증상이 나타나며, 알레르기 반응이 일어나기도 한다. 피부가 얇아 건조하고 당김이 심하며 쉽게 따가움을 느끼는 특징이 있다.

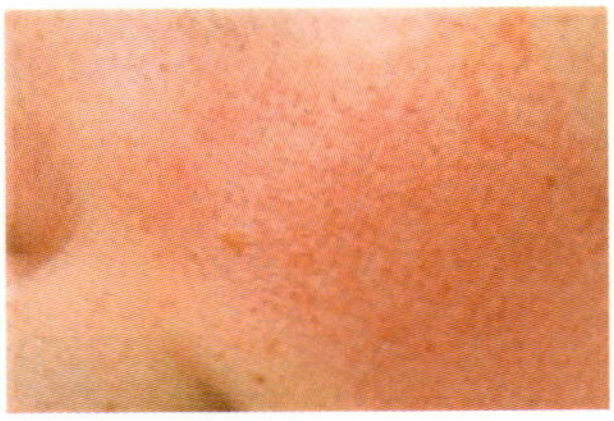

5. 여드름 피부

피지선에서 분비된 피비가 모공에 쌓여 모낭 구조가 파괴되는 피부를 말한다. 모공이 넓고 거칠며, 면포 등 피부 트러블이 발생하며, 피부 발열이 일어나기도 한다.

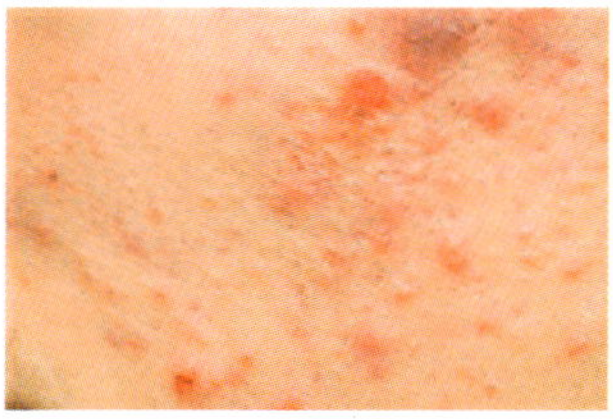

6. 복합성 피부

얼굴 부위에 따라 피지분비량이 불균형하여 건성과 지성이 모두 나타나는 피부이다. 일반적으로 T존 부위는 모공이 크고 번들거리는 지성 피부, 그 외 부위는 건성 또는 민감성 피부인 경우가 많다.

※ 피부 유형별 체크리스트

〈중성 피부〉	〈건성 피부〉
□ 피부트러블이 거의 없다. □ 피부 탄력이 좋고, 모공이 크지 않다. □ 번들거리거나 건조한 느낌이 적다. □ 화장품에 민감하지 않다. □ 메이크업이 오래 유지되는 편이다.	□ 세안 후 얼굴이 심하게 땅긴다. □ 피부 탄력이 부족하고, 모공이 작은 편이다. □ 얼굴이 건조하고, 심할 땐 간지럽기도 하다. □ 얼굴에 각질이 잘 일어나 편이다. □ 메이크업이 들뜨는 편이다.
〈지성 피부〉	〈민감성 피부〉
□ T존 부위가 항상 번들거린다. □ 유분기는 많지만 수분은 부족한 편이다. □ 피부가 두껍고, 피지 분비량이 많은 편이다. □ 모공의 크기가 큰 편이다. □ 메이크업이 쉽게 지워진다.	□ 기온, 바람 등에 의해 홍조가 잘 생긴다. □ 얼굴이 건조하고 자주 붉어진다. □ 아토피나 피부 질환이 잘 생긴다. □ 알코올성 토너를 사용하면 피부가 따갑다. □ 피곤하면 피부 트러블이 잘 생긴다.
〈여드름 피부〉	〈복합성 피부〉
□ 여드름이나 트러블이 자주 생긴다. □ 모공의 크기가 크고 얼굴이 자주 붉어진다. □ 피부에 발열감이 느껴지는 편이다. □ 화장품을 바꾸면 트러블이 생길 때가 있다. □ 메이크업으로 붉은기를 감추기 어렵다.	□ T존에 유분이 많다. □ 볼과 턱 부분의 피부는 건조하다. □ 얼굴 부위에 따라 피부톤이 차이가 난다. □ 코와 이마 부위만 트러블이 잘 생긴다. □ 메이크업이 T존 위주로 지워진다.

Ⅲ. 메이크업 도구

ⅰ. 메이크업 브러시

메이크업 시술 시 브러시 타입, 사이즈에 따라 다양한 베이스 메이크업과 색조 메이크업 표현을 할 수 있다. 브러시는 족제비털, 청설모털, 조랑말털 등 천연모와 합성섬유로 만든 인조모가 있으며, 용도와 크기에 따라 여러 종류로 구분한다.

종류		기능
파운데이션 브러시 (Foundation)		메이크업 베이스, 파운데이션 등 리퀴드형 제품을 바를 때 사용하는 브러시로 주로 탄력 있는 인조모로 만들며, 자주 세척하는 것이 좋다.
컨실러 브러시 (Concealer)		크림형 컨실러 제품을 바를 때 사용하는 브러시로, 주로 탄력있는 짧고 탄력있는 인조모로 만든다. 자주 세척해주는 것이 좋다.
페이스 브러시 (Face)		가장 큰 브러시로 가루파우더나 압축 파우더를 바르거나 털어낼 때 사용한다. 끝이 둥글고 부드러운 천연모로 만드는 것이 좋다.
팬 브러시 (Fan)		부채꼴 모양으로 생긴 브러시로 좁은 부위에 묻은 여유분의 파우더나 아이섀도를 털어낼 때 사용한다.
치크 브러시 (Cheek)		파우더 브러시보다 조금 작은 사이즈로 주로 부드럽고 풍성한 천연모로 만들며, 윤곽수정이나 건강한 혈색을 표현할 때 사용한다.
스크루 브러시 (Screw)		회전하듯 나선형 모양의 브러시로 눈썹에 묻어있는 파우더를 제거하거나 눈썹을 정리하는 용도로 주로 사용한다. 마스카라가 뭉쳤을 때 빗어주어 풀어줄 때에도 사용한다.
아이브로우 빗 (Eyebrow Comb)	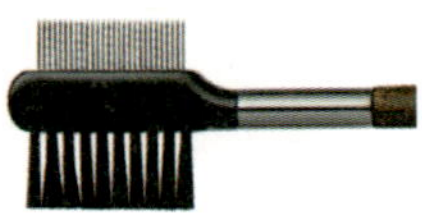	속눈썹 사이에 뭉친 마스카라를 자연스럽게 빗을 때 주로 사용한다.

종류		기능
아이브로우 브러시 (Eyebrow)		섀도 제품으로 눈썹을 그릴 때 사용하며, 주로 사선 형태로 되어있다. 돼지털로 만든 것은 숱 많고 억센 눈썹에, 족제비털은 가늘고 섬세한 눈썹에 사용한다.
아이섀도 브러시 (Eyeshadow)		피부에 자극이 적은 고품질의 족제비털로 주로 만드는 눈 부위용 브러시로, 숱이 적고 짧은 길이의 브러시이다. 용도에 따라 베이스, 메인, 포인트 등으로 분류된다.
스펀지 팁 (Sponge Tip)		스펀지 재질의 팁으로 만들어진 브러시로 사용이 쉽고, 아이섀도 색을 선명하게 표현하는 포인트 컬러 표현에 주로 사용한다.
아이라이너 브러시 (Eyeliner)		브러시 중 가장 숱이 적고 가늘며, 섬세하고 또렷한 아이라인을 그릴 때 사용한다. 케이크 타입은 길고 얇은 타입, 젤 타입은 짧고 빳빳한 타입을 아이라이너를 사용한다. 끝이 갈라지지 않고 탄력이 있는 것이 좋다.
립 브러시 (Lip)		탄력성이 좋은 브러시로, 립 메이크업에 사용된다. 용도에 따라 끝이 뾰족하거나 둥근 브러시를 사용할 수 있으며, 브러시 끝이 모아져 있는 것이 좋다.

TIP

브러시 관리법

- 브러시는 사용 후 메이크업 잔여물을 털어서 보관하는 것이 좋다. 더러워지면 미지근한 물에 중성세제 또는 샴푸로 세척 후, 흐르는 물에 깨끗이 헹구고 물기를 털어 눕히거나 붓이 아래로 향하도록 한 후 그늘에서 말려 브러시의 모양을 보존할 수 있도록 한다. 또는 전용 브러시클리너를 이용하여 세척한다.
- 파우더브러시, 치크 브러시, 아이섀도 브러시 등 천연모 브러시는 적어도 2주에 한번은 세척하여 청결하게 관리되도록 한다. 립 브러시, 컨실러 브러시, 파운데이션 브러시 등 인조모 브러시는 유분이 들어있는 제품을 사용하므로 천연모보다 자주 세척하는 것이 좋다. 인조모 브러시는 매일 세척하는 것이 좋지만, 여의치 않다면 3일~1주일에 한번 이상 세척하도록 한다.
- 브러시 모의 변형이 나타난 경우에는 새 제품으로 교환해 주는 것이 좋다.

ii. 메이크업 기본 도구

종류		기능
스펀지 (Sponge)		메이크업베이스, 파운데이션 등 리퀴드 제품을 피부에 잘 밀착시키는 위한 도구로 주로 라텍스나 해면으로 만든다. 리퀴드 제품이 스펀지 속으로 흡수되어 세균이 잘 생기므로 1회용으로 사용하는 것이 가장 좋다. 내구성이 약하므로 필요 시 두 번 정도 세척하여 사용 가능하며, 사용했던 단면을 가위로 잘라내고 사용하기도 한다.
파우더 퍼프 (Powder Puff)		면과 우단으로 주로 만들며, 파우더를 바를 때 사용한다. 브러시보다 유분을 효과적으로 제거하며, 모델의 얼굴에 손이 닿지 않도록 작은 퍼프를 손가락에 껴서 사용하기도 한다. 피부에 직접 닿는 제품이므로 자극없고 부드러운 퍼프를 선택하는 것이 좋다.
눈썹칼 (Eyebrow Knife)		불필요하게 난 눈썹과 잔털 등을 제거하여 눈썹 모양을 수정할 때 사용한다. 눈가는 예민한 부위이므로 칼날이 고르고 매끄러운 것을 선택하는 것이 좋다.
아이래시 컬러 (Eyelash Curler)	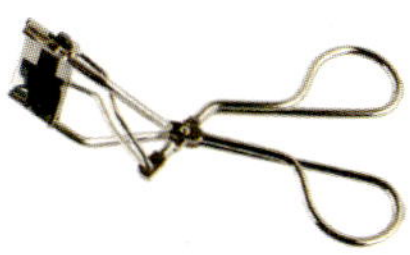	'뷰러'라고도 하며, 속눈썹에 컬을 주어 올릴 때 사용하는 도구이다. 속눈썹이 꺾이지 않도록 속눈썹 뿌리, 중간, 눈썹 끝 등 3회 이상 나누어 컬을 주는 것이 좋다.
펜슬 샤프너 (Pencil Sharper)		아이라이너 펜슬, 립라이너 펜슬 등 펜슬형 메이크업 제품을 돌려 깎을 때 사용한다.
팔레트 (Pallet)		메이크업 시 소량으로 덜어낸 재료를 혼합할 때 사용할 때 사용한다. 손등에서 재료를 혼합하면, 시술자의 피부색에 따라 컬러 진단의 오차가 생길 수 있으므로 팔레트를 사용하는 것이 좋다.
스파츌러 (Spatula)	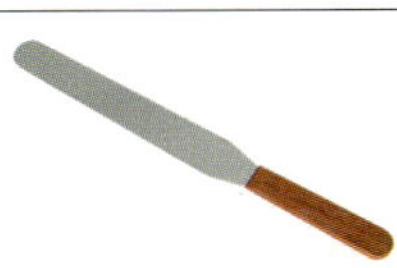	크림 파운데이션, 립스틱 등 크림형 메이크업 제품을 덜어낼 때 사용하는 도구이다.

종류		기능
화장솜 (Cotton Pad)	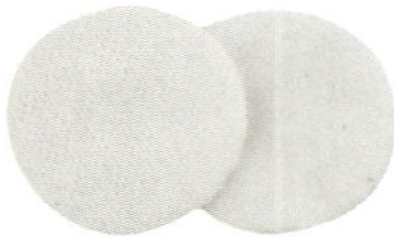	메이크업을 지우거나 화장수로 피부 표면을 정리할 때 사용한다.
면봉 (Cotton Bud)	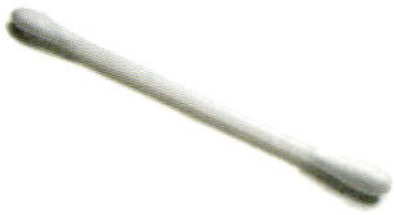	색조 메이크업 도중 실수한 부분을 수정할 때 사용하는 소도구이다.
핀셋 (Tweezer)		눈썹을 뽑아 정리하거나, 인조 속눈썹이나 큐빅을 붙일 때 사용하는 족집게형 도구이다. 핀셋의 끝이 정확히 맞출리는 제품을 사용하는 것이 좋다.
눈썹 가위 (Scissors)	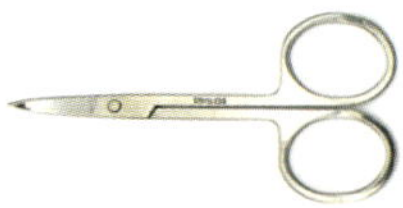	눈썹을 잘라 모양을 정리하거나 인조속눈썹을 자를 때 사용하는 도구이다. 얼굴은 입체감이 있으므로 가위 끝이 살짝 올라간 디자인이 정교하게 자를 수 있으며 안전하다.

TIP 1

스펀지와 파우더퍼프 세척법

스펀지와 파우더퍼프는 미지근한 물에서 저자극성 비누나 액상 비누, 폼 클렌저 등으로 손가락으로 눌러 거품을 내어 얼룩을 지우고, 흐르는 물에 세척해준다. (스펀지는 1회용 사용이 권장!) 파우더퍼프는 지나치게 주무르면 내장된 솜이 틀어질 수 있으므로 주의한다. 흐르는 물에 깨끗이 헹궈 마무리하고, 종이타월이나 마른 수건으로 물기를 짜내고 통풍이 잘 되는 그늘에서 말린다.

TIP 2

아이래시 컬러 세척법

알콜이나 알콜 성분의 토너를 티슈 또는 면봉에 묻혀 메이크업 잔여물을 꼼꼼하게 닦아낸다. 특히 고무 부분에 마스카라가 끼여 있는 경우가 많으므로 유의한다. 고무가 많이 닳아 갈라지면 속눈썹이 끼여 빠질 수 있으므로, 사용감이 많은 고무는 교체해주는 것이 좋다.

MEMO

NCS기반 기본메이크업

Basic Make-up

Chapter 2
메이크업 기초화장품

Chapter 2

메이크업 기초화장품

피부 상태를 최적화하기 위해서 먼저 고객 얼굴의 피부 상태를 진단하고, 피부 타입에 따라 기초화장품을 선택하는 것이 좋다. 기초화장품은 세안, 피부 정돈, 피부 보호의 목적으로 사용하는 화장품으로 클렌징 제품, 화장수, 로션, 크림, 에센스 등의 화장품이 이에 해당한다.

NCS 분류번호	1201010315_16v3
능력단위 명칭	메이크업 기초화장품 사용
능력단위 정의	메이크업 기초화장품 사용은 고객의 얼굴 피부상태 및 디자인에 따라 기초화장품을 선택하여 사용할 수 있는 능력이다.
능력단위 요소	1201010315_16v3.1 기초화장품 선택하기 1201010315_16v3.2 기초화장품 사용하기

Ⅰ. 기초화장품 선택

※ 학습 목표

- 피부 분석법을 통해 고객의 피부를 진단할 수 있다.
- 피부 타입별 제품을 선택하여 클렌징을 할 수 있다.
- 피부 유형에 따라 기초화장품의 제형을 선택할 수 있다.

ⅰ. 기초화장품 선택

1. 피부분석법

문진, 견진, 촉진 등의 피부분석법을 통해 고객의 피부 상태를 진단한다. 피부는 진단 결과에 따라 중성 피부, 건성 피부, 지성 피부, 민감성 피부, 여드름 피부, 복합성 피부 등으로 분류 할 수 있다.

1) **문진** : 고객에게 나이, 환경 및 피부상태, 피부의 결점, 사용하는 화장품 등을 직접 질문하여 피부에 대한 다양한 정보를 얻는 피부분석법
2) **견진** : 육안 또는 기구를 사용하여 피부결, 피부 주름, 모공상태, 피부 결점 등을 관찰하여 진단하는 피부분석법
3) **촉진** : 손으로 직접 만져 피부결, 탄력도 등을 촉각으로 진단하는 피부분석법

2. 클렌징 제품 종류

1) 클렌징의 목적

클렌징이란 피부의 생리 기능을 쇠퇴시키는 피부 분비물, 먼지, 땀이나 메이크업 잔여물 등을 깨끗이 제거하는 것으로, 클렌징을 통해 피부 호흡과 신진대사를 촉진시킴으로서 건강하고 청결한 피부를 유지할 수 있도록 하는 것이다. 클렌징 제품과 클렌징 방법은 피부 타입에 따라 선택해야 한다.

2) 클렌징 제품의 종류

① 클렌징 워터 (cleansing Water)

리퀴드 타입으로 화장솜에 적셔 사용하며, 피부결 방향으로 닦아내어 마무리한다. 가벼운 메이크업을 지우거나 지성 여드름 피부에 적합하다. 메이크업 전 피부 청결용으로 사용하기도 하며, 일반적으로 유성 성분에 대한 세정력은 약한 편이다.

② 클렌징 젤 (cleansing gel)

유분이 없는 수성 타입으로 흡착력이 좋아 메이크업 세정력이 좋다. 유분에 예민한 민감성 피부, 여드름 피부에 적합하며, 청량감이 있어 여름철 또는 가벼운 느낌의 클렌징에 사용하면 좋다.

③ **클렌징 로션** (cleansing lotion)

O/W(Oil in Water) 타입으로 친수성을 지니고 있으며, 가벼운 메이크업의 클렌징에 적합하다. 유분 함량이 낮고 수분 함량이 높아 사용감이 편하고 피부에 자극이 적다. 끈적임이 적은 편이며, 닦아내어 사용한다. 피부 자극이 적어 건성 피부, 지성피부, 여드름 피부, 민감성 피부 등 사용 범위가 넓은 클렌징이다.

④ **클렌징 크림** (cleansing cream)

크림 제형의 클렌징 제품은 유분 함량이 높아 유성 성분의 짙은 메이크업을 녹여 클렌징하기 좋다. 부드러운 미용 티슈나 해면 등으로 녹여낸 크림을 제거하고, 클렌징 폼 등으로 이중 세안을 하는 것이 좋다. 유분 함량이 많아 지성피부, 여드름 피부, 민감성 피부에는 적합하지 않으며, 불가피하게 사용이 필요한 경우 사용 후 바로 세안하는 것이 좋다.

⑤ **클렌징 오일** (cleansing oil)

클렌징 오일은 유성 성분을 많이 포함한 메이크업 클렌징에 적합하며, 물을 만나면 친수성이 되어 물에도 잘 지워진다. 클렌징 오일은 자극이 적고, 원스톱 클렌징이 가능하며, 광범위한 피부 유형에 사용이 가능한 것이 장점이다.

오일을 얼굴 전체에 바르고 마사지 하듯 부드럽게 클렌징 한 후, 흐르는 물에 세안하도록 한다. 지성이나 복합성 피부는 클렌징 폼 등을 이용하여 이중세안을 하는 것이 좋다.

⑥ **클렌징 폼** (cleansing form)

부드러운 크림 제형으로 소량을 물과 함께 거품을 만들어 사용하는 크렌징 제품으로 땀, 먼지, 메이크업으로 지우거나 이중세안시 사용한다. 거품을 내어 얼굴을 클렌징하고, 흐르는 물에 깨끗하게 세안하도록 한다.

⑦ **클렌징 티슈** (cleansing tissue)

일회용 면 티슈에 클렌징 워터가 미리 적셔져 있는 형태로, 한 장씩 뽑아 사용할 수 있어 휴대가 간편하다. 물로 세안할 수 없는 상황에서 메이크업을 지울 때에도 사용되며, 최근에는 패드(pad) 형태의 작은 클렌징 티슈, 클렌징 패드가 출시되고 있다. 티슈의 반복적인 사용은 피부를 민감하게 만들 수 있으므로 주의한다.

클렌징 워터 타입

클렌징 크림 타입

클렌징 크림 타입

클렌징 오일 타입

3. 피부 유형별 클렌징 제품 선택

1) 중성 피부

가벼운 메이크업 시에는 클렌징 워터, 클렌징 로션을 사용하고, 진한 메이크업 시에는 클렌징크림, 클렌징오일을 사용하는 것이 좋다. 중성 피부는 가장 건강한 이상적인 피부지만, 관리 소홀 시 균형이 깨질 수 있으므로 피지 조절과 보습 기능이 있는 클렌징 제품을 선택하여 피부 밸런스를 맞추어 주는 것이 좋다.

2) 건성 피부

건성 피부는 수분이 부족하면 각질 탈락이나 잔주름이 쉽게 생기므로, 유 · 수분 함량이 높은 클렌징 로션과 클렌징크림을 사용하는 것이 좋다. 가벼운 메이크업 시에는 클렌징 로션을 사용하고, 진한 메이크업 시에는 클렌징 로션 또는 클렌징크림 사용 후 클렌징 폼을 사용하여 부드럽게 이중 세안하는 것이 좋다. 폼클렌징은 세정력이 우수하지만 건조함이 심해질 수 있으므로 보습 성분의 순한 제품으로 선택하도록 한다.

3) 지성 피부

지성 피부는 피지와 땀 분비가 많고 모공이 크며, 트러블이 자주 생기므로 수성 제품을 사용하는 것이 좋다. 클렌징 워터, 클렌징 젤, 클렌징 로션 등의 수분감이 많은 제품 또는 유분이 없는 오일프리 타입으로 메이크업을 지우고, 클렌징 폼을 사용하여 이중 세안하는 것이 좋다. 과도한 피지가 분비되었을 경우에는 피지를 녹이는 지성용 클렌징 제품을 선택하고, 유분이 적은 화장품을 사용하도록 한다. 마지막 헹굴 때 반드시 찬물을 사용해 모공을 수축시켜 주도록 한다.

4) 민감성 피부

발열, 피부 당김, 건조, 알레르기가 쉽게 일어나는 민감성 피부는 클렌징 워터, 클렌징 젤 또는 약산성의 클렌징 폼을 사용하는 것이 좋다. 제품을 선택할 때는 천연 성분, 무색소, 무향, 무자극 등 자극이 최소화된 제품을 선택하도록 하여야 하며, 피부 진정과 보습에 적합한 화장품, 안티스트레스 크림을 사용하도록 한다.

5) 복합성 피부

T존 지성과 민감성, 여드름 피부 등을 모두 가진 복합성 피부는 지성 피부에 맞추어 클렌징 하되, T존 이외의 부위는 자극을 최소화 하도록 한다. 클렌징 로션 등 유・수분을 모두 공급하는 제품으로 부드럽게 마사지 하고 티슈로 닦아 낸 후, T존 부위는 클렌징 워터 또는 오일프리 크림으로 다시 클렌징 한다.

6) 여드름 피부

여드름 피부는 알칼리성을 띄므로 클렌징 젤, 클렌징 워터 또는 여드름 전용 클렌징 제품을 사용하여 피부를 약산성 상태로 만들어주는 것이 좋다. 수분 공급과 트러블 진정 효과가 있는 클렌징 제품을 선택하여 사용하는 것이 좋으며, 자극을 최소화 하도록 한다. 일주일에 2번 정도는 딥클렌징하여 모공 속 노폐물을 제거할 수 있도록 한다. 클렌징 후에는 피부진정 크림, 젤, 보습 크림 등을 발라주도록 한다.

ii. 클렌징 방법 및 순서

필요 재료	· 손 소독제 · 피부타입별 클렌징 제품 · 포인트 메이크업 리무버 · 화장솜, 면봉, 티슈, 해면
필요 기기 (장비 · 공구)	· 거울이 포함된 작업대 · 의자(높이 조절이 가능한 메이크업 의자) · 세면대
안전 · 유의사항	· 클렌징을 하기 전에 메이크업 아티스트는 손을 소독하고 작업 환경을 청결히 한다. · 고객의 피부 타입에 맞지 않는 클렌징 제품을 사용하면 피부 트러블을 일으킬 수 있으므로 고객의 피부 상태를 주의 깊게 점검하여 피부 타입에 맞는 클렌징 제형을 선택한다. · 클렌징 시 눈에 제품이 들어가게 되면 눈의 염증을 일으킬 수 있으므로 주의한다. · 제품의 위생을 고려하여 보관할 때 깨끗한 상태를 유지하고 작업 전 반드시 도구와 기구를 소독하며, 유효 기간이 있는 제품은 사전에 확인한다. · 기초화장품에 대한 피부 이상 반응이 나타날 경우에는 피부 온도와 밸런스를 맞추어 주고, 차가운 팩 등을 이용하여 얼굴을 진정시킨다.

1. 포인트 메이크업 클렌징

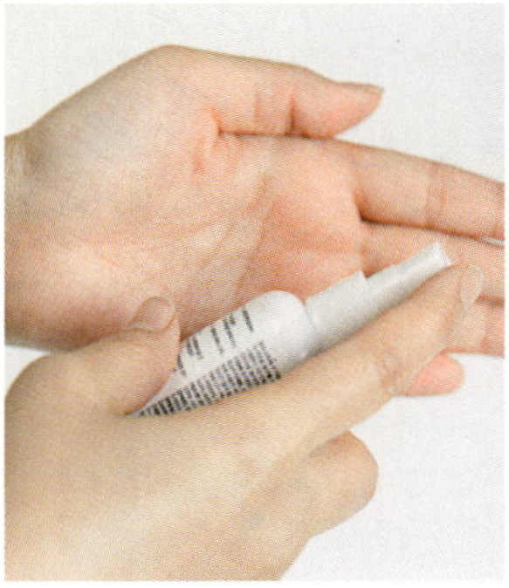

1. 클렌징을 하기 전 손을 소독하고 작업 환경을 청결히 한다.

2. 아이 메이크업의 상태를 확인하고, 포인트 메이크업 리무버의 제형을 선택한다.

3. 인조속눈썹을 제거한다.

TIP

마스카라, 아이라이너 등의 아이 메이크업 제품은 워터프루프 기능으로 클렌징이 쉽지 않고, 눈가에 착색되어 다크써클이 생길 수 있어 유의해야 한다. 오일 성분이의 리퀴드 타입 아이 메이크업 전용 리무버를 화장솜이나 면봉에 묻혀 부드럽게 닦아내도록 한다.

4. 화장솜에 포인트 메이크업 리무버를 묻혀, 자극이 되지 않도록 아이섀도와 아이라이너를 지운다.

5. 아이브로 메이크업을 지운다.

6. 깨끗한 화장솜에 리무버를 묻힌 후 속눈썹 아래에 대고, 면봉으로 마스카라를 지운다.

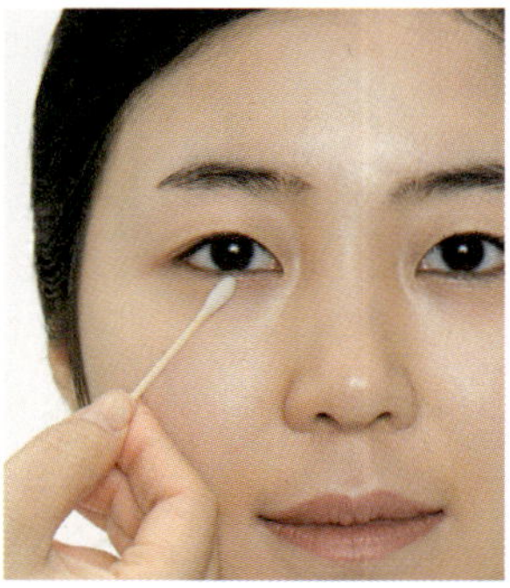

7. 면봉 또는 리무버를 묻힌 솜으로 언더 아이 메이크업을 지우고, 클렌징 상태를 확인한다.

8. 화장솜에 리무버를 묻혀 립 메이크업을 지운다. 입술 주름 사이에 잔여물이 있는 경우 면봉으로 제거한다.

2. 피부 클렌징

1. 피부 타입에 맞는 클렌징 제형을 선택 후, 클렌징 제품을 이마, 코, 턱, 볼 등에 바른다.

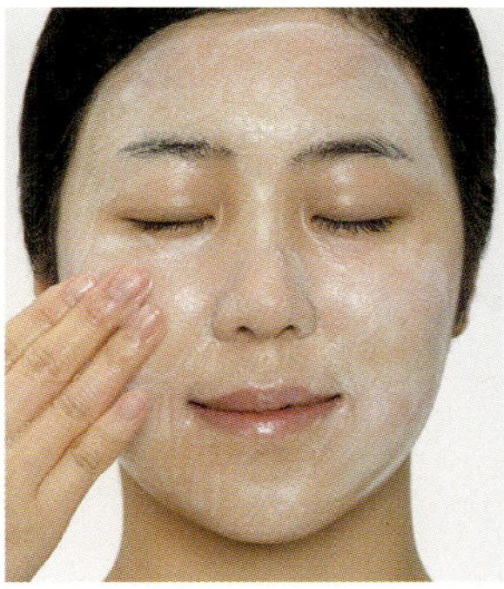

2. 피부결에 따라 베이스 메이크업을 녹인다. 노폐물이 피부에 침투하지 않도록 2~3분 이내에 마무리한다.

3. 미용티슈로 녹여낸 클렌징 잔여물을 살짝 눌르듯이 닦아낸다.

TIP

· 기본적으로 피부 클렌징은 가볍게 닦아내는 방식으로 진행하며, 메이크업 클렌징이 필요한 경우 피부 타입에 따라 클렌징 제품을 선택하여 사용하는 것이 좋다.
· 폼클렌징을 할 경우, 피부 자극이 적고 세안이 깨끗하게 되도록 충분히 거품을 내어 사용한다. 지성 피부는 따뜻한 물, 건성 피부는 미지근한 물로 헹구며 20회 이상 흐르는 물로 세안한다. 마무리는 찬물로 하고, 물기를 닦을 때에는 피부를 살짝 누르듯 닦아낸다.

4. 젖은 해면 또는 젖은 화장솜으로 남은 클렌징 잔여물을 깨끗하게 닦아낸다.

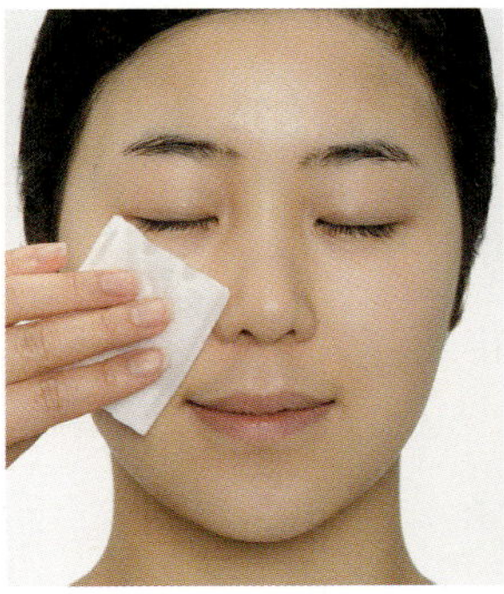

5. 스킨 토너를 화장솜에 묻혀 클렌징 후의 잔여물을 제거하고 피부결을 정돈한다.

6. 문진, 견진, 촉진을 통해 피부 유형을 분석하고, 피부 유형에 적합한 기초화장품을 선택하여 사용한다.

TIP

· 위생을 위해 새로운 화장솜과 면봉을 사용하여 꼼꼼히 클렌징 한다.
· 클렌징은 메이크업 잔여물과 불순물을 제거하는 것이므로 2~3분 이내에 마무리한다.
· 기초화장품은 건강하고 아름다운 피부를 유지하도록 하며, 청정, 정돈, 보호 작용과 피부 문제 해결에 도움을 준다.

Ⅱ. 기초화장품 사용

※ 학습 목표

- 기초화장품을 바르는 순서를 선택할 수 있다.
- 피부의 일시적인 이상, 트러블에 대해 조치를 취할 수 있다.

ⅰ. 기초화장품 선택

기초화장품은 피부를 청결하게 유지하고, 외부자극으로부터 피부를 보호하기 위해 사용한다. 또한, 보습 및 영양 기능 등으로 피부의 항상성이 유지되도록 한다. 피부 타입, 피부 상태, 계절 등 외부환경, 개인의 기호 등에 따라 선택하여 사용하며, 화장품의 종류와 성분에 따라 사용 용도와 방법이 다르므로 신중하게 선택하도록 한다.

1. 기초화장품 종류

1) **스킨로션**(skin lotion)

화장수라고도 하며, 피부에 남아있는 클렌저의 잔여물을 닦아내고 알칼리성을 중화시켜 피부의 ph를 안정화 시킨다. 또한, 피부의 결을 정돈해주고 피부 표면에 수분을 공급한다.

스킨로션의 종류는 모공을 수축하고 수분감과 청량감을 주는 수렴화장수와 보습성분으로 피부를 촉촉하고 탄력 있게 하는 데 초점을 둔 유연화장수로 분류된다.

분사식으로 얼굴에 도포하는 스킨로션은 미스트(mist)라고 부른다. 미스트는 기초화장품으로 사용될 뿐 아니라, 메이크업 후 수분 공급에도 사용된다.

2) **로션** (lotion)

수분을 60~80% 함유하는 점성이 낮은 유화 상태의 액체 크림으로 빠르게 흡수되고 가벼운 느낌이 특징이다. 유・수분을 공급하여 피부를 촉촉하게 만들어준다.

민감성 피부에는 無향, 無색소, 無방부제 등 저자극성 제품 또는 친환경 제품을 사용하는 것이 좋으며, 건성 피부에는 유분 함량이 높은 로션을 사용하도록 한다.

3) **크림** (cream)

로션보다 점도가 높고 다양한 보습성분과 영양성분을 배합할 수 있어, 피부 유연성, 피부 보습, 보호 기능을 가진다. 크림의 종류에는 기능에 따라 영양크림, 수분크림, 미백크림, 선블록크림, 데이크림, 나이트 크림 등으로 분류되고, 바르는 위치에 따라 아이크림, 넥크림, 핸드크림 등으로 분류된다.

4) **에센스** (essence)

세럼(serum)이라고도 하며, 피부에 유익한 성분을 고농축으로 함유하여 보습 및 영양 효과가 우수하다.

5) **팩** (pack)

피부에 바르거나 덮는 방식으로 표면의 노폐물과 오염물, 각질을 제거하거나, 유・수분 및 영양을 공급해주기 위하여 사용한다. 팩의 건조되는 동안 생긴 긴장감으로 피부에 탄력을 주고 혈액순환을 도와주기도 한다.

피부의 노폐물을 제거하고 탄력을 부여하는 필 오프 타입(peel-off), 피부에 크림 상태로 발랐다가 닦거나 씻어내는 워시오프 타입(wash-off), 코의 피지 제거에 탁월한 패치 타입(patch), 파우더를 물 등에 개어 피부에 도포하는 파우더 타입(powder), 사용이 쉬운 마스크 타입(mask) 등의 종류가 있다.

스킨 로션 타입(미스트)

에센스 타입

팩 타입

2. 피부 유형별 기초화장품 선택

1) 중성피부

한선과 피지선이 정상으로 유 · 수분 균형이 이루어져 피부결이 매끄럽고 탄력 있으며 윤기 있는 이상적인 피부이다. 계절에 따라 약건성(봄, 겨울)이나 약지성(여름)으로 변할 수 있으므로, 피부 상태에 맞는 기초화장품을 선택하도록 한다.

2) 건성피부

한선과 피지선의 기능 저하로 유분 또는 수분이 결핍된 피부 유형으로 모공이 작아 피부결이 좋아 보이나, 건조하고 각질탈락 현상과 잔주름이 쉽게 생긴다. 보습과 유분을 적당히 함유한 영양 공급에 충실한 기초화장품을 사용하는 것이 좋으며, 무알콜의 자극 없는 제품을 사용해야 한다. 일주일에 1~2회 정도 보습, 영양팩을 사용하면 효과적이다.

3) 지성피부

피지선이 발달하여 번들거리며 모공이 넓은 피부이다. 피부결이 거칠고 피부가 두꺼워 보이지만, 바람, 자외선 등의 외부자극에 다소 강하고 잔주름은 적은 편이다. 그러나 메이크업이 잘 지워지고 오염물질이 피부에 흡착되기 쉬우며 트러블이 자주 일어나는 단점이 있다. 수분은 공급해주되 유분이 많은 화장품은 피하는 것이 좋다.

4) 민감성 피부

면역기능이 저하되어 외부자극에 민감하고, 화장품 등에도 쉽게 물리적 반응을 일으키는 예민한 피부 타입이다. 피부가 얇고 건조하며, 쉽게 붉어지고 알레르기 반응을 일으키거나 따가움을 느끼므로 무색, 무향, 무자극의 기초화장품을 사용하도록 하고, 자극이 되는 관리는 피하는 것이 좋다.

5) 여드름 피부

모공이 넓고, 모낭 내에 피지가 쌓여 모낭 구조가 파괴되고 면포가 자주 생기므로, 여드름용 클렌저를 사용한 딥클렌징으로 노폐물 청소를 해주는 것이 좋다. 기초화장품은 피부진정과 보습 효과가 있는 젤, 크림 등을 사용하도록 하며, 여드름 전용 기초화장품을 선택하는 것이 좋다.

6) 복합성 피부

건성과 지성이 복합적으로 나타나는 피부이므로, 피부 부위에 따라 다른 관리가 필요하다. T존 부위의 지성 피부는 지성 피부에 맞는 기초화장품을 선택하고, U존 부위는 건성피부 또는 민감성 피부에 맞는 화장품을 선택하는 것이 좋다.

피부 유형	피부 특징	기초화장품 제형
중성 피부	건강하고 이상적인 피부	로션, 수분크림, 에센스 등
건성 피부	건조하고 얇은 피부	보습크림, 영양크림 등
지성 피부	번들거리고 모공이 넓은 피부	오일프리 크림, 지성피부용 크림 등
민감성 피부	예민한 피부	무자극(안티 스트레스) 크림
여드름 피부	트러블이 잘 나는 피부	피부진정크림, 보습크림 등
복합성 피부	피부상태가 균일하지 않은 피부	T존은 오일프리, U존은 보습&영양크림

ii. 기초화장품 바르는 방법 및 순서

필요 재료	· 손 소독제 · 피부타입별 기초화장품(화장수, 로션, 에센스, 크림 등) · 화장솜, 면봉 등 · 메이크업 키트
필요 기기 (장비 · 공구)	· 거울이 포함된 작업대 · 의자(높이 조절이 가능한 메이크업 의자)
안전 · 유의사항	· 제품의 위생을 고려하여 보관할 때 깨끗한 상태를 유지하고 작업 전 반드시 도구와 기구를 소독하며, 유효 기간이 있는 제품은 사전에 확인한다. · 고객의 의자 높이를 조절하여 작업에 편리한 자세를 만든다. · 고객의 피부 타입을 파악하여 그에 맞는 지성용, 건성용, 민감성용의 다양한 기초화장품을 사용한다. · 기초 제품을 사용 시 피부 이상 반응이 나타날 때는 즉각 사용을 멈추고, 피부의 이상 반응에 대한 대처를 신속하게 진행하도록 한다. · 피부가 예민하거나 건조한 경우에는 팩 등으로 피부를 우선 진정시킨 후 메이크업을 실시한다.

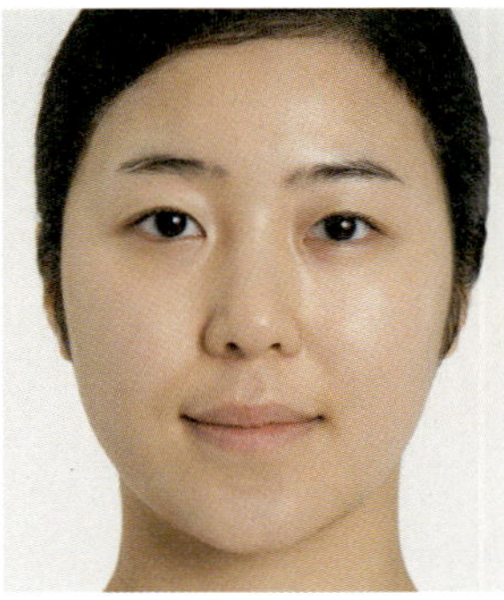

1. 문진, 견진, 촉진을 통해 피부 유형을 분석하고, 피부 유형에 적합한 기초화장품과 바르는 순서를 선택한다.

2. 피부에 맞는 스킨로션을 화장솜에 묻혀 피부결을 따라 닦아내듯 바르고, 손가락으로 두드려 흡수시킨다.

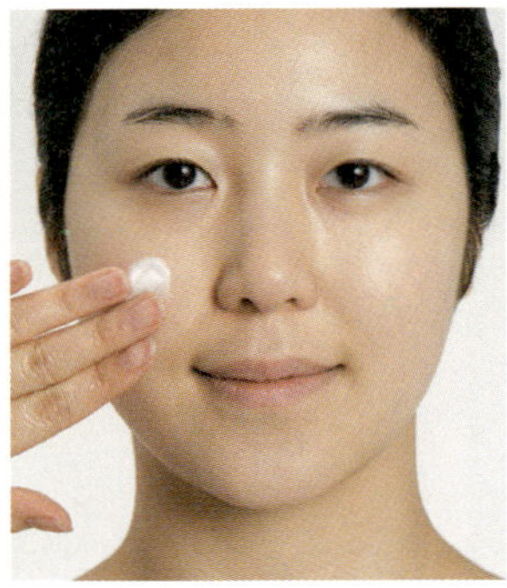

3. 피부에 맞는 로션을 손가락 끝으로 가볍게 두드리듯 발라 흡수시킨다. 필요 시 에센스를 추가로 바른다.

TIP

기초화장품은 일반적으로 스킨(토너), 에멀전(로션), 에센스, 크림(수분크림, 영양크림) 등 수분에서 유분 제품, 점도가 낮은 제품에서 높은 제품의 순서로 바른다. 피부 타입에 따라 바르는 제품의 제형과 순서는 바뀔 수 있다.

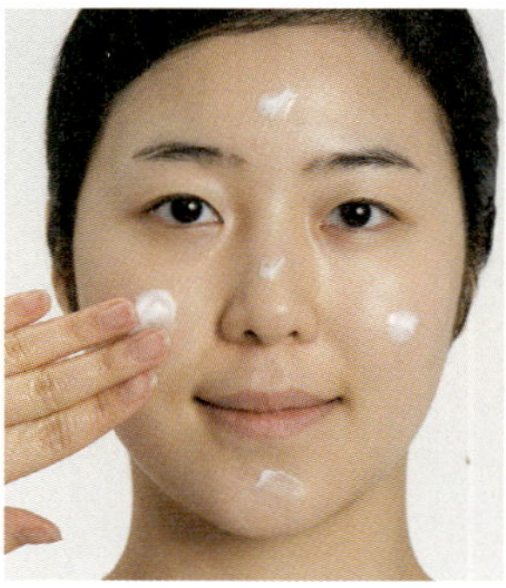

4. 피부에 맞는 크림을 볼 → 턱 → 코 → 이마 → 눈의 순서로 얼굴 중앙에서 외곽 방향으로 바른다.

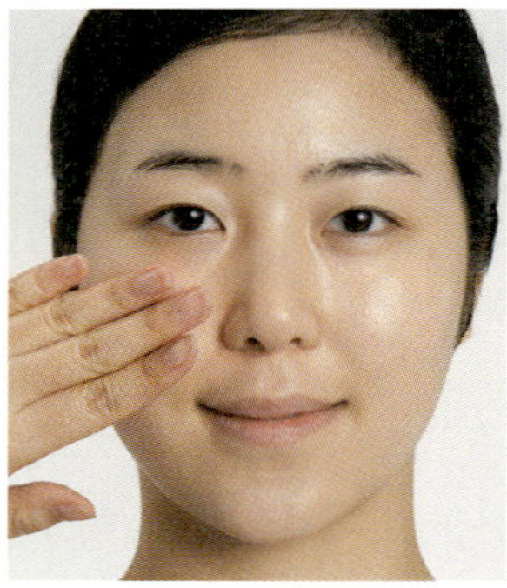

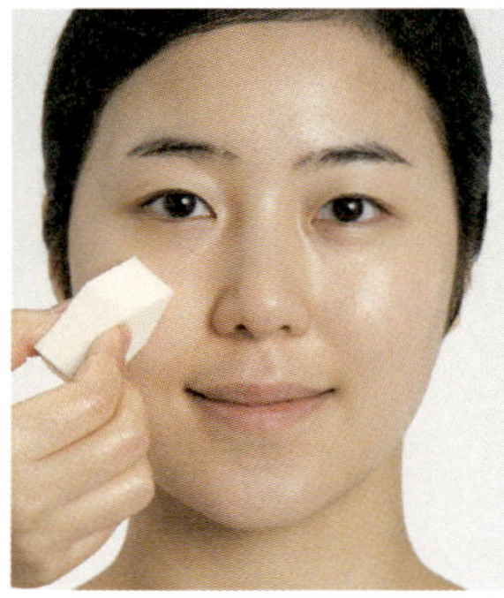

5. 손가락이나 스펀지 등으로 가볍게 두드려 크림의 흡수를 돕는다. 크림의 흡수시간이 필요하므로 1~2분 정도 기다려 충분히 흡수되도록 한다.

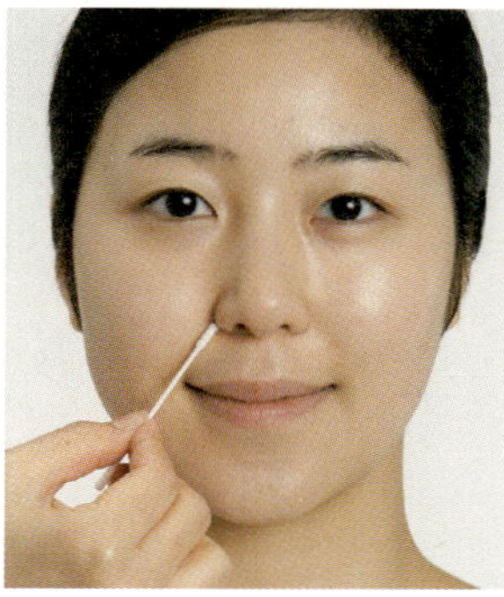

6. 각질과 피부트러블 부위에 기초화장품이 흡수되지 못하는 경우, 면봉에 크림이나 오일을 묻혀 닦아내고 다시 베이스 제품을 발라준다.

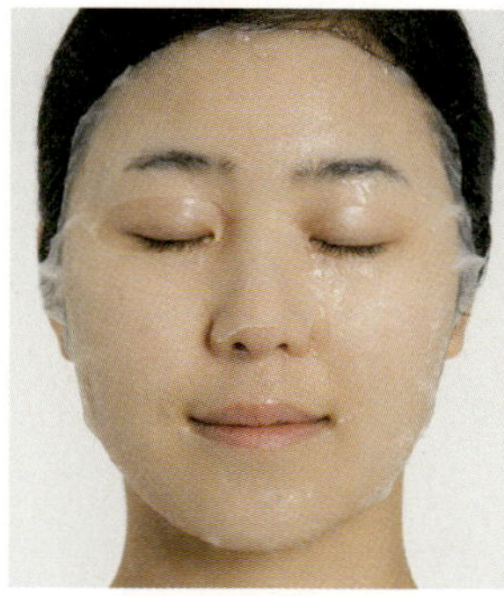

7. 제품이 흡수되지 못하거나 알레르기 반응을 보이는 경우, 손의 온도나 기계를 이용하여 피부 온도를 높이거나 낮춰 균형을 잡아준다. 필요시 팩을 이용하여 피부를 진정시킬 수 있다.

TIP

- 중년의 고객이나 건조한 피부의 경우, 아이크림을 눈가에 바르면 잔주름에 유 · 수분감을 제공하여 자연스러운 메이크업을 할 수 있다.
- 환절기에는 각질이 많이 생기므로, 각질을 잘 제거하고 기초화장품을 충분히 도포한다.
- 유분이 많은 자외선 차단 크림을 바르는 경우, 얇게 여러 번 도포하여 베이스 메이크업 제품이 밀리지 않도록 한다.

평가 준거

학습 내용	학습 목표	성취수준		
		상	중	하
기초화장품 선택	피부 분석법으로 고객의 피부를 진단할 수 있다			
	피부 타입별 제품을 선택하여 클렌징을 할 수 있다			
	피부 유형에 따라 기초화장품의 제형을 선택할 수 있다.			
기초화장품 사용	기초화장품을 바르는 순서를 선택할 수 있다.			
	피부의 일시적인 이상, 트러블에 대한 조치를 취할 수 있다.			

NCS기반 기본메이크업

Basic Make-up

Chapter 3

베이스 메이크업

3 Chapter

베이스 메이크업

베이스 메이크업(base make-up)이란 색조 메이크업의 전 단계로, 피부의 결점을 커버하고 피부결을 아름답게 표현하여 건강하고 매력적인 피부를 표현할 수 있도록 하는 메이크업 단계이다.

NCS 분류번호	1201010316_16v3
능력단위 명칭	베이스 메이크업
능력단위 정의	베이스 메이크업은 피부 이미지 표현을 극대화하기 위하여 색조 메이크업 전 단계로 메이크업 베이스에서 파우더까지 실행할 수 있는 능력이다
능력단위 요소	1201010316_16v3.1 피부 표현 메이크업하기 1201010316_16v3.2 얼굴 윤곽 수정하기

Ⅰ. 피부 표현 메이크업

※ 학습 목표

- 얼굴의 피부색 및 피부톤에 따른 베이스 제품을 구분할 수 있다.
- 베이스 제품의 질감, 발림, 밀착성 등을 고려하여 제품을 선택할 수 있다.
- 베이스 제품의 특성에 따른 표현 도구를 사용할 수 있다.

ⅰ. 베이스 메이크업 제품

베이스 메이크업(base make-up)이란 색조 메이크업의 전 단계로, 피부 이미지 표현을 극대화하기 위한 피부 메이크업을 의미한다. 베이스 메이크업 제품으로는 피부톤을 정돈하는 메이크업 베이스, 피부색을 정돈하는 파운데이션, 피부 결점을 커버하는 컨실러, 피부 유분을 정돈하는 파우더 등이 있다.

1. 메이크업 베이스 (make-up base)

1) 메이크업 베이스의 기능

① 피부톤을 보정한다.

② 피부결을 보정한다.

③ 파운데이션과 색조화장품으로부터 피부를 보호한다.

④ 파운데이션과 색조 메이크업의 밀착력, 지속력 등의 효과를 높여준다.

2) 메이크업 베이스의 종류

① **프라이머 (primer)** : 피부의 모공 또는 울퉁불퉁한 요철을 메워 매끈한 피부 표현을 하도록 하는 실리콘 베이스의 제품이다.

② **펄 메이크업 베이스 (pearl make-up base)** : 쉬머 메이크업 베이스(shimmer make-up base)라고도 하며, 미세한 펄감으로 글로시한 피부표현이 가능하다. 얼굴의 입체감을 강조하고 결점을 커버하는 효과가 있다.

③ **수분 메이크업 베이스 (moisturized make-up base)** : 에센스에 가까운 제형으로 건조한 피부에 알맞은 베이스 제품으로 수분을 공급하여 피부를 촉촉하게 만드는 효과가 있다.

④ **컬러 컨트롤 베이스 (color control base)** : 피부톤에 따라 메이크업 베이스의 컬러를 선택하여 보정할 수 있다.

종류		특징
	하양 (white)	칙칙한 피부를 밝게 표현한다.
	초록 (green)	붉은기가 많은 피부톤을 조절한다.
	노랑 (yellow)	어두운 피부톤을 중화시켜 밝게 표현한다.
	분홍 (pink)	희고 창백한 얼굴에 혈색을 부여한다.
	주황 (orange)	태닝한 듯 건강한 피부색을 표현한다.
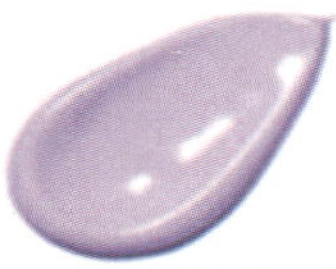	보라 (violet)	노란기가 많은 피부톤을 화사하게 표현한다.

프라이머

수분 메이크업 베이스

컬러 컨트롤 베이스

2. 파운데이션 (foundation)

1) 파운데이션의 기능

① 자외선, 기온, 오염 등 외부 자극으로부터 피부를 보호한다.

② 피부톤과 질감을 일정하게 조절하여 아름다운 피부결을 표현한다.

③ 기미, 주근깨, 잡티 등 피부의 결점을 커버한다.

④ 얼굴의 윤곽을 수정하고 입체감을 연출한다.

⑤ 색조 메이크업이 돋보이게 한다.

2) 파운데이션의 종류

1. 제형에 따른 분류

유・수분량과 제형에 따라 리퀴드, 크림, 스틱, 케이크 타입으로 분류된다. 일반적으로 제품의 질감이 유・수분량이 많고 제형이 묽을수록 커버력이 약하고, 질감이 매트하고 하드할수록 커버력이 높아지는 경향이 있다.

종류		특징
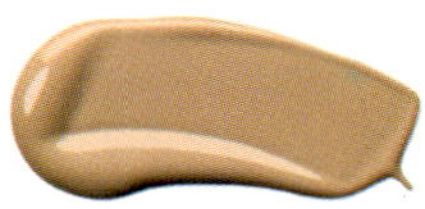	리퀴드 (liquid)	수분 함량이 높아 촉촉하고 얇은 자연스러운 피부 표현이 가능하나, 커버력과 지속력은 약한 편이다.
	크림 (cream)	적당한 유분 함량으로 리퀴드 타입에 비해 커버력, 지속력, 발림성이 좋아 잡티가 있는 피부와 건성피부에 효과적이다.
	스틱 (stick)	고형 타입으로 커버력, 지속력이 좋아 무대공연 등 분장 전문가용으로 많이 사용한다.
	투웨이 케이크 (two-way cake)	파운데이션과 파우더를 압축시킨 매트한 타입으로 커버력, 밀착력이 좋고 땀과 물에 강해 지속력이 뛰어나며 휴대가 간편하다. 지성 피부에 효과적이다.

종류		특징
	팬 케이크 (pan cake)	물에 개어 사용하는 수성타입으로 물의 양을 조절하여 커버력을 조절할 수 있다. 커버력, 지속력, 밀착력이 강해 무대공연 메이크업 등 강한 메이크업에 많이 사용한다.
	에어브러시 (air brush)	공기를 분사하는 방식으로 에어스프레이라고도 한다. 자연스럽고 주름 없는 완벽한 커버가 가능하며, 분사 거리, 양 등을 조절하여 커버력을 조절할 수 있다. 모공을 막지 않아 가볍고 산뜻한 피부 표현이 가능하다.

리퀴드 파운데이션

스틱 파운데이션

쿠션 파운데이션

2. 기능에 따른 분류

베이스, 하이라이트, 셰이딩 컬러의 파운데이션을 이용하여 얼굴을 입체감 있게 표현할 수 있다.

종류		특징
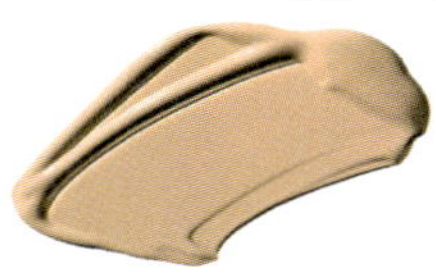	베이스 (base)	기본적인 피부톤으로 피부색에 가까운 자연스러운 색상을 선택한다.
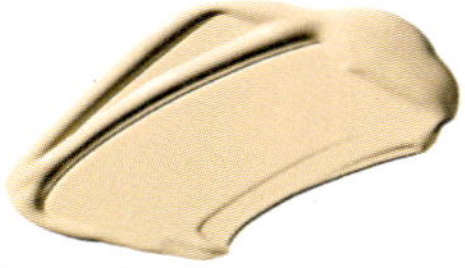	하이라이트 (highlight)	베이스 컬러보다 1~2톤 밝은 색으로 선택하여, T존, 눈 밑, 턱 등을 밝게 하거나, 진출되어 보이거나, 넓어보이도록 표현한다.

종 류		특 징
	셰이딩 (shading)	베이스 컬러보다 1~2톤 어두운 색으로 선택한다. 광대뼈, 각진 턱, 각진 이마 등을 축소되어 보이는 효과를 주거나 노우즈 셰이딩 등 음영을 표현한다.

3) 파운데이션의 테크닉

1. 파운데이션 표현 테크닉

① **패팅 (patting)** : 손가락 또는 스펀지를 사용하여 가볍게 두드리는 방법으로 밀착력과 지속력을 높일 때 사용한다.

② **슬라이딩 (sliding)** : 얼굴에 전체적으로 가볍고 얇게 펴바르는 방법이다. 스트로크(stroke) 기법이라고도 불린다.

③ **블렌딩 (blending)** : 베이스와 하이라이트, 셰이딩 등의 부위와 턱선 등의 부위가 경계지지 않도록 혼합하듯 그라데이션 기법으로 바르는 방법이다.

2. 얼굴 부위별 파운데이션 테크닉

얼굴 부위	특 징
T zone	이마에서 콧등을 T존이라 한다. 하이라이트 컬러 부분이며, 피지분비량이 많아 메이크업이 뭉치거나 뜨기 쉬우므로 유의한다.
O zone	입과 눈 주위로 피하지방이 적고 잔주름이 잘 생기는 부위이므로 피부 표현을 두껍게 표현하지 않도록 한다.
C zone	눈밑 부위로 다크서클이 생기는 부위이다. 베이스 컬러와 하이라이트 컬러를 함께 사용하되 얇게 커버해주는 것이 좋다.
S-zone	볼 부위로 기미, 주근깨 등의 잡티가 잘 생기는 부위이다. 움직임이 적은 부위이므로 충분한 커버로 피부를 정돈해주어도 좋다.
헤어 · 페이스 라인 (Hair · Face line)	턱선과 헤어라인이 경계지지 않도록 적은 파운데이션 양으로 세심하게 블렌딩 해주도록 한다.

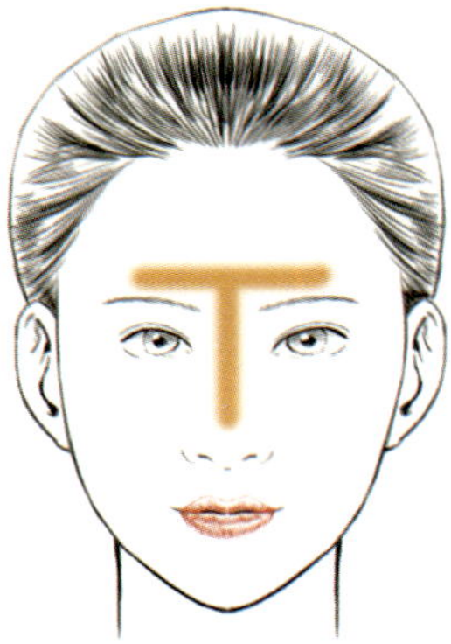

T존

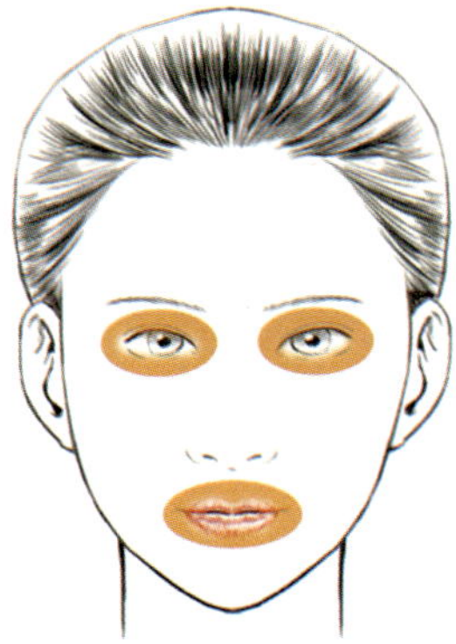

O존

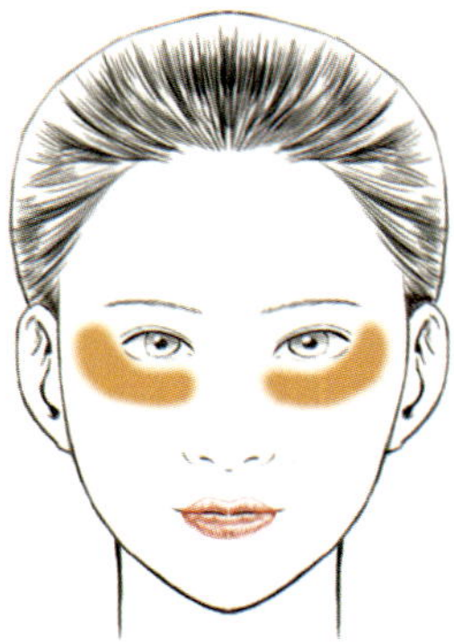

C존

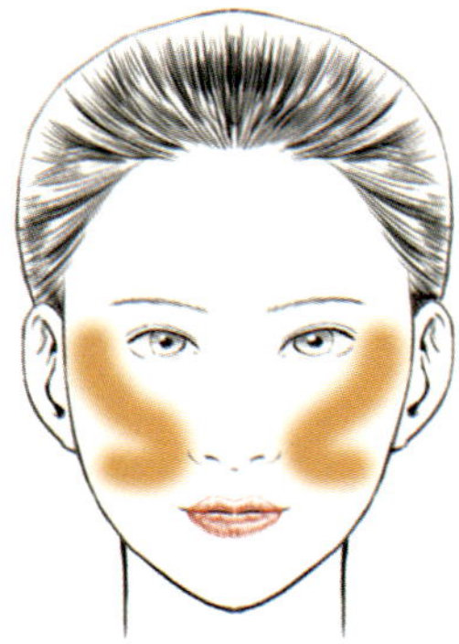

S존

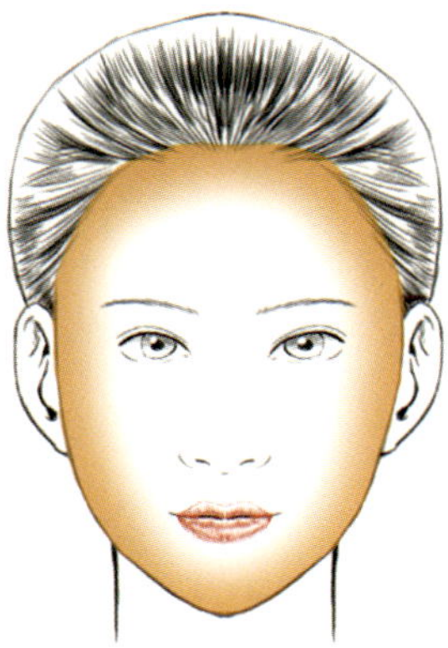

헤어 · 페이스 라인

3. 컨실러 (concealer)

1) 컨실러의 기능

① 파운데이션으로 커버하지 못한 다크서클, 기미, 주근깨, 여드름 등의 결점을 커버한다.

② 주름이나 흉터 등 오목한 부분을 자연스럽게 메꾸어 준다.

③ 색조 메이크업의 수정 시 사용한다.

2) 컨실러의 종류

컨실러는 제형에 따라 리퀴드, 크림, 스틱, 펜슬 타입으로 분류되며, 커버할 부위에 따라 제형과 색상을 선택하는 것이 좋다. 피부톤과 동일하거나 한 톤 밝은 컬러를 사용하며, 파운데이션과의 경계가 생기지 않도록 소량씩 발라 두드리듯 바른다.

일반적으로 넓은 부위부터 좁은 부위 순서로 사용하며, 눈밑 다크써클 등 넓은 부위는 리퀴드나 크림 타입, 점, 뾰루지 등의 작은 부위는 스틱이나 펜슬 타입을 사용한다.

종류		특징
	리퀴드 (liquid)	수분함량이 많아 눈밑 등 얇은 피부의 커버나 자연스러운 커버에 사용된다.
	크림 (cream)	유분이 많아 발림성이 좋고 커버력과 밀착력이 좋아 넓은 부위의 잡티 커버에 효과적이다. 컨실러 브러시로 사용한다.
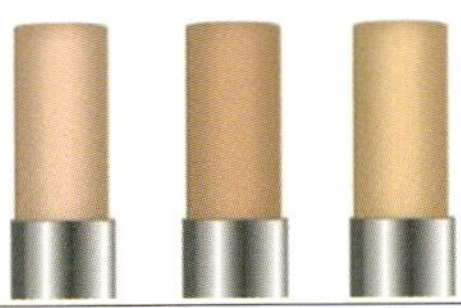	스틱 (stick)	커버력이 매우 좋아 여드름, 반점 등을 커버하는 데 효과적이다. 그러나 매트하여 잘 펴발라지지 않는 단점이 있으므로, 눈가 등 얇은 피부에는 적합하지 않다.
	펜슬 (pencil)	점, 여드름 등 작은 결점 부위에 사용하거나 립라인 수정 등에 사용한다. 자칫 커버 부분이 뭉치고 오히려 돋보일 수 있으므로, 컬러 선택과 그라데이션에 주의한다.

4. 파우더

1) 파우더의 기능

① 자외선, 기온, 오염 등 외부 자극으로부터 피부를 보호한다.

② 파운데이션 및 컨실러를 피부에 고정시킨다.

③ 피부의 유분을 제거하여 번들거림을 방지한다.

④ 베이스 메이크업의 지속력을 높이고, 색조 메이크업의 표현력을 향상시킨다.

2) 파우더의 종류

1. 제형에 따른 분류

파우더는 분말형태의 루스 파우더와 압축 파우더, 마무리용인 피니시 파우더로 분류된다.

종류		특징
	루스 (loose)	섬세한 입자의 분말 형태로 파우더 퍼프를 이용하여 사용한다. 파운데이션의 유분기를 적절히 잡아주어 자연스럽고 투명한 피부 표현에 적합하다.
	프레스드 (pressed)	루스 파우더를 압축시켜 휴대성을 높인 제품으로 커버력은 좋으나 매트하여 피부 표현이 두꺼워질 수 있으므로 유의한다.
	피니쉬 (finish)	베이스 메이크업의 마무리 단계에서 사용하며, 펄이 함유된 제품이 많다. 얼굴에 입체감을 주거나, 신부 메이크업, 파티 메이크업 등 화사하고 화려한 느낌을 연출할 때 주로 사용한다.

2. **색상에 따른 분류**

파우더의 색상에 따라 피부톤을 보정하고 메이크업의 이미지를 만들어 줄 수 있다.

종류		특징
	투명 (transparent)	파운데이션의 색을 그대로 표현해주며, 자연스러운 피부 표현에 적합하여 내추럴 메이크업에 주로 사용한다.
	분홍 (pink)	피부에 혈색을 부여하고 화사한 느낌을 주어 신부 메이크업에 적합하다.
	주황 (orange)	태닝한 피부 또는 건강한 피부톤을 표현할 때 사용한다.
	보라 (violet)	혈색이 없고 노란 피부톤을 보정하거나, 화사한 피부톤을 표현할 때 사용한다.
	펄 (pearl)	펄이 함유된 파우더로 쉬머 메이크업이나 글로시 메이크업을 표현할 때 사용한다.

ii. 피부 유형별 베이스 메이크업 제품 선택

1. 정상 피부

피지선과 한선 기능이 정상으로 유 · 수분이 균형을 이룬 가장 이상적인 피부로 리퀴드 타입의 베이스 메이크업 화장품을 선택하여 건강하고 깨끗한 피부 이미지를 부각시켜 표현한다.

2. 건성 피부

피지선과 한선의 기능 저하로 유 · 수분량이 적은 건조한 피부로 피부가 거칠고 각질이 잘 생기는 것이 특징이다. 피부가 건조한 상태에서는 메이크업이 들뜰 수 있으므로 수분 함량이 많은 기초화장품을 충분히 바른 후 메이크업을 한다. 베이스 메이크업 제품도 수분이 많은 리퀴드 파운데이션, 쿠션 파운데이션이나 유분량이 적절하여 피부 보호막을 형성해주는 크림 파운데이션을 선택하는 것이 좋다.

3. 지성 피부

피지선 항진으로 피지와 땀이 과다 분비되어 피부가 번들거리거나 쉽게 베이스 메이크업이 지워지는 특징이 있다. 오일 프리(oil free)의 리퀴드 타입이나 파우더 타입의 베이스 메이크업 제품을 최소화하여 바르고, 컨실러로 커버하는 것이 좋다. 눈 주변에도 유분이 많아 색조 메이크업이 번지기 쉬우므로 파우더를 꼼꼼히 처리해주도록 한다.

모공이 크거나 피부 결점이 있다면, 메이크업 베이스 단계에서 프라이머를 사용하여 피부 요철을 메꾸어 주도록 한다.

4. 민감성 피부

외부자극에 민감하고 쉽게 붉어지고 알레르기 반응을 일으키는 예민한 피부이므로 자극이 적은 안티 스트레스 전용 베이스 제품이나 유 · 수분이 충분한 리퀴드 파운데이션과 크림 파운데이션을 사용하는 것이 좋다.

피부의 붉은기를 없애주기 위해서는 보색인 녹색 계열의 베이스 제품을 바르거나 피부보다 1톤 어두운 파운데이션을 가볍게 발라주면 좋다. 붉은 계열의 메이크업 베이스 제품은 피부를 더 붉게 보이게 하므로 유의한다.

5. 여드름 피부

여드름 피부의 경우 여드름 주위에 각질과 피지가 함께 쌓여있는 경우가 많다. 베이스 메이크업이 잘 먹도록 수렴 화장수로 얼굴을 잘 닦아준 후 베이스 메이크업을 시작하도록 한다. 피부톤과 같거나 1톤 어두운 파운데이션을 사용하고, 파운데이션을 여러 번 두드려 여드름을 커버하도록 한다. 커버가 많이 필요한 경우에는 케이크 타입 파운데이션을 사용하면 좋다.

여드름 자국으로 피부에 요철이 있는 경우 메이크업 베이스 단계에서 프라이머를 사용한다.

6. 복합성 피부

지성과 건성, 민감성이 복합적으로 나타나는 피부이므로, 피부 부위에 따라 베이스 메이크업 제품을 선택하도록 한다. T존 부위의 지성피부에는 오일프리 제품을 선택하고, U존 부위에는 건성 또는 민감성 피부에 맞는 베이스 메이크업 제품을 선택하는 것이 좋다.

ⅲ. 피부 표현 메이크업 방법 및 순서

필요 재료	· 메이크업 키트 · 면봉, 휴지 등
필요 기기 (장비 · 공구)	· 거울이 포함된 작업대 · 의자(높이 조절이 가능한 메이크업 의자)
안전 · 유의사항	· 제품의 위생을 고려하여 보관할 때 깨끗한 상태를 유지하고 작업 전 반드시 도구와 기구를 소독하며, 유효 기간이 있는 제품은 사전에 확인한다. · 피부 상태에 적합한 베이스 메이크업 제품의 제형과 색상을 선택해야 한다. · 컬러 베이스는 메이크업 트렌드에 따라 달라질 수 있으며 최근에는 자연스러운 피부 톤을 중시하는 추세이므로 베이스 메이크업을 할 때 피부 트러블에 대한 결점 보완에 유의한다. · 라텍스 스펀지, 브러시 등이 비위생적일 경우, 피부 트러블의 주요 원인이 될 수 있으므로 되도록 자주 세척하여 위생적으로 보관하도록 한다.

1. 내추럴 베이스 메이크업

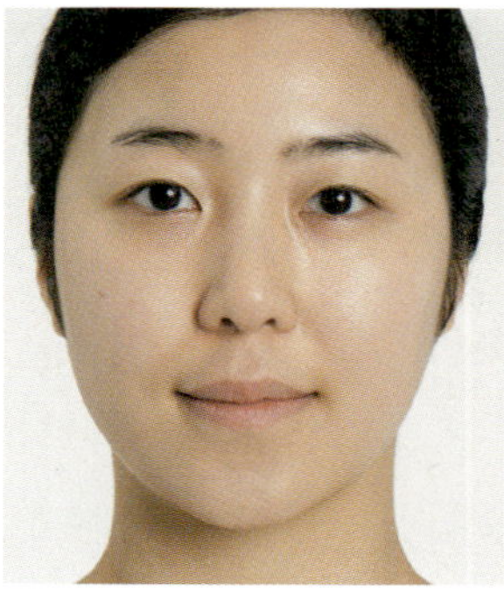

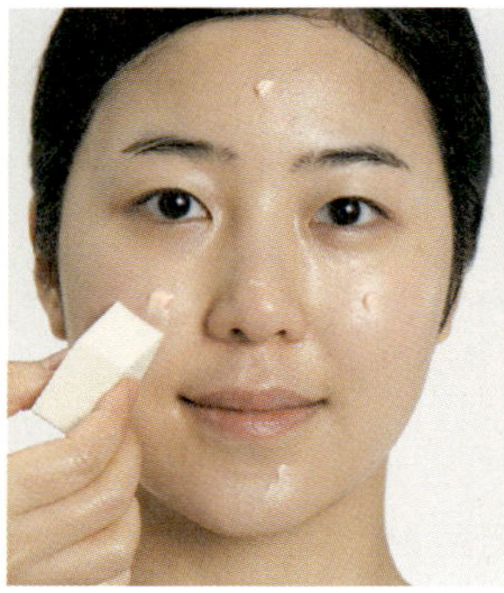

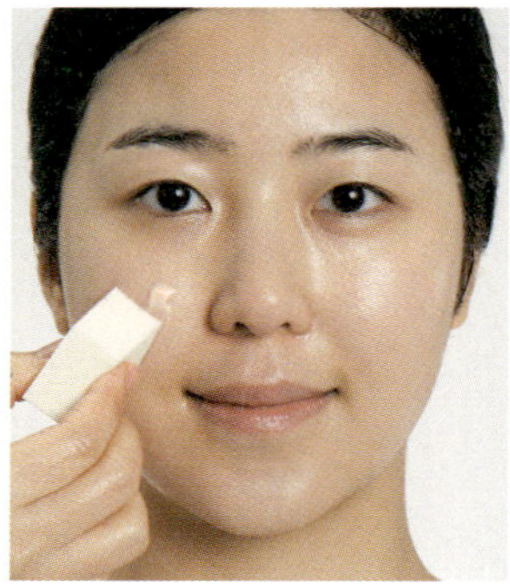

1. 문진, 견진, 촉진을 통해 피부를 분석하고, 피부 유형에 적합한 베이스 메이크업 제품과 순서를 선택한다.

2. 고객의 피부톤에 맞는 메이크업 베이스를 선택하여 피부를 보정한다.

3. 피부톤이 균일하지 않은 경우에는 부분적으로 다른 색상의 메이크업 베이스를 사용한다.

TIP

일반적으로 베이스 메이크업은 리퀴드 타입이 가장 많이 사용되며, 내추럴 메이크업이나 지성 피부에 알맞다. 커버력이 필요한 피부나 건성 피부는 크림 타입의 제품이 알맞다.

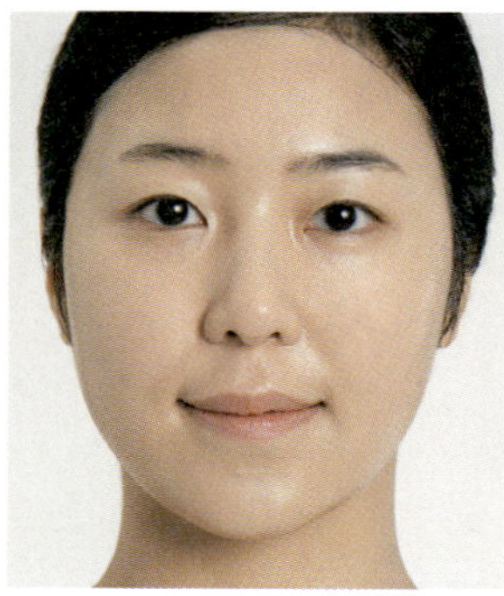

4. 피부에 맞는 파운데이션 제형을 선택하여, 스펀지 또는 파운데이션 브러시로 피부결을 따라 중심에서 바깥쪽을 향해 펴바른다. 피부색과 같은 톤 또는 한 톤 밝은 색을 선택하여 화사하고 깨끗한 피부톤을 표현한다.

5. 눈 밑 다크써클과 잡티 등 미처 커버하지 못한 부위에 컨실러를 발라준다.

TIP

눈 주변, 입술 주변은 피부가 얇고 움직임이 많은 부위이므로 파운데이션을 적게 바르는 것이 좋고, 볼 부위 등 잡티가 많은 부위는 파운데이션을 자연스럽게 커버하듯 바른다.

6. 내추럴 경향으로 립라이너를 그리지 않으므로 컨실러로 립라인을 정리한다.

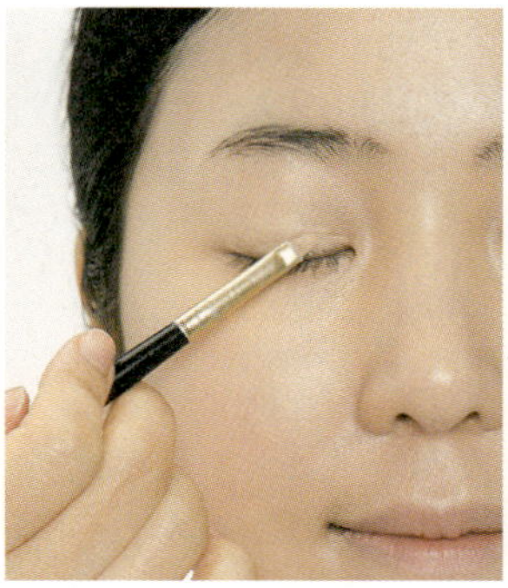

7. 눈두덩이와 쌍꺼풀 부위에 컨실러를 처리하여 균일한 피부톤을 만들어주면 아이 메이크업의 색상 표현 및 그라데이션 표현에 용이하다.

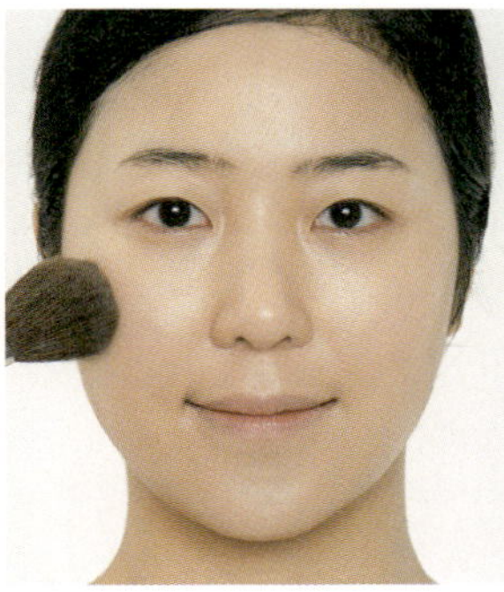

8. 피부 타입에 맞는 파우더 제형과 색상을 선택하여, 파우더 퍼프 또는 파우더 브러시를 이용하여 파우더를 바른다. 파우더는 얼굴 외곽에서 중심부로 가볍게 바르며, 퍼프 사용 시 퍼프 두 장을 맞대어 파우더 양을 조절한다.

9. 파우더 퍼프로 미처 바르지 못한 콧방울 등 좁은 부위는 파우더를 섬세하게 덧바른다.

10. 잔주름이 많은 눈밑 다크써클, 팔자주름 등의 부위와 유분이 많은 눈두덩이도 작은 파우더 브러시를 이용하여 꼼꼼하게 파우더를 발라준다.

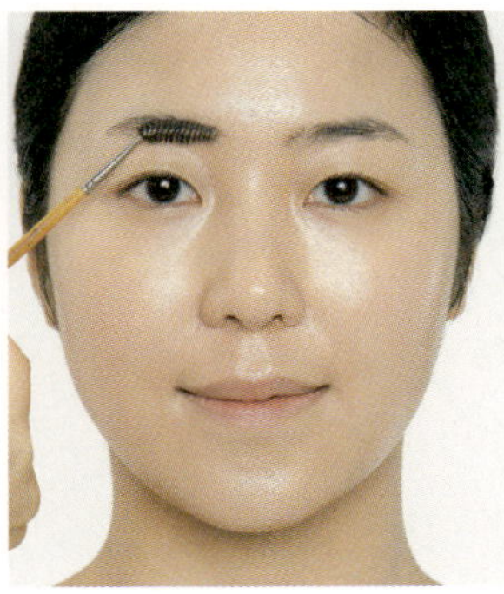

11. 파우더를 바르기 전 후, 눈썹에 뭉친 파운데이션 등을 스크류 브러시를 사용하여 정리한다.

TIP

- 자연스러운 피부표현에는 분말 타입 파우더, 커버력이 필요한 경우에는 압축 타입의 파우더를 사용하는 것이 좋다.
- 극건성 피부의 경우 파우더를 생략해도 좋으며, 퍼프 또는 작은 파우더 브러시를 사용하여 콧방울과 눈두덩이의 유분기를 제거해주도록 한다.

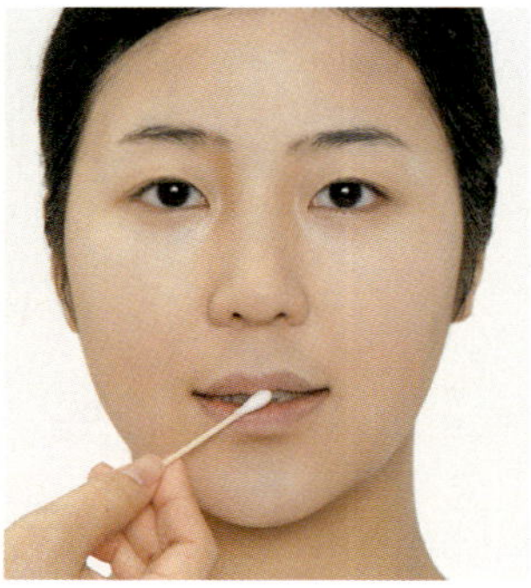

12. 입술에 뭉친 파우데이션 또는 파우더의 잔여물은 면봉에 크림이나 립밤을 살짝 발라 닦아준다.

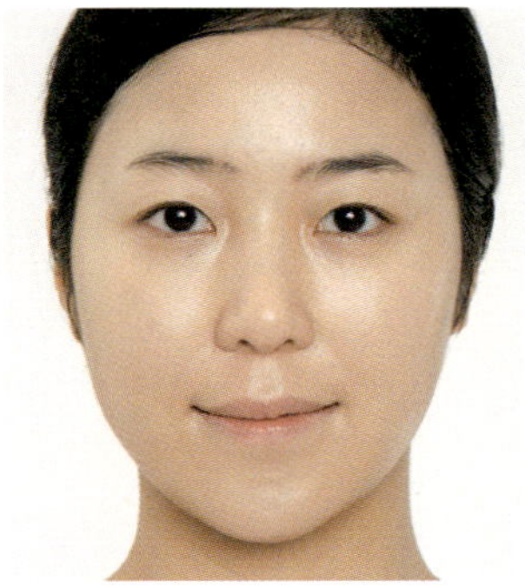

13. 기본 내추럴 베이스 메이크업 완성

TIP

조명에 따라 피부색이 달라 보이므로, 푸른기의 형광등에서는 핑크 계열, 노란기의 백열등에서는 아이보리 계열 베이스 메이크업 제품을 선택하는 것이 좋다.

2. 물광 베이스 메이크업

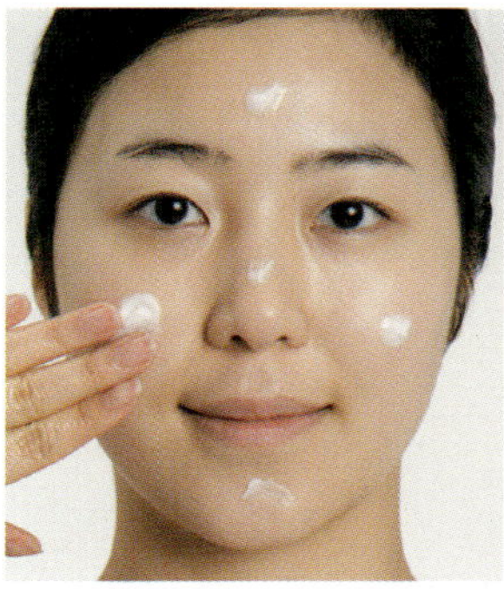

1. 크림 또는 수분 에센스 등 유·수분량이 충분한 기초화장품을 얼굴이 촉촉해질 정도로 바른다.

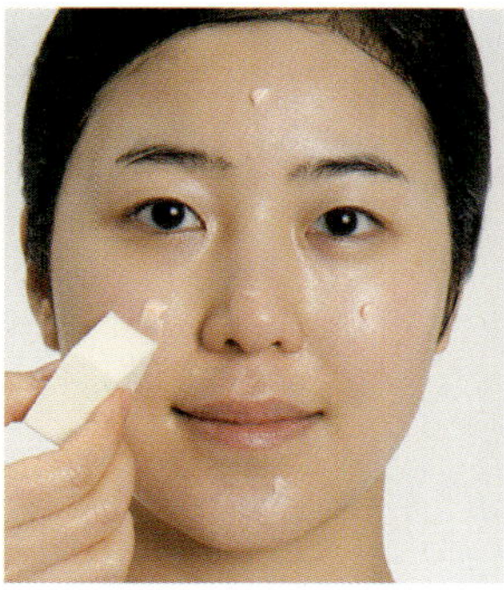

2. 윤기 있는 피부표현을 위해 펄 베이스 또는 수분감이 많은 메이크업 베이스를 바른다.

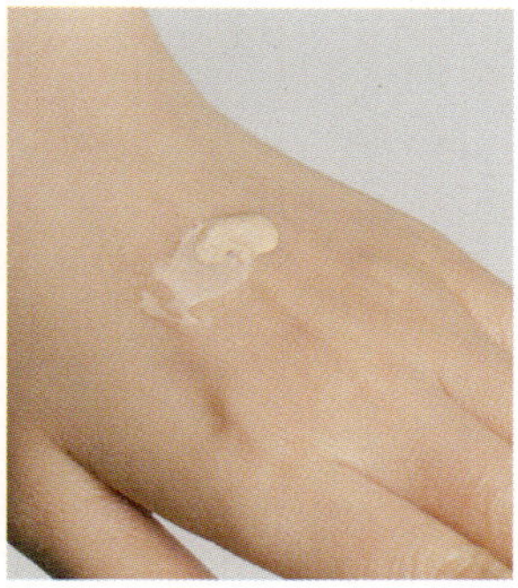

3. 물광 베이스 메이크업 표현을 위해 리퀴드 파운데이션에 페이스 오일(face oil)을 섞어 사용한다.

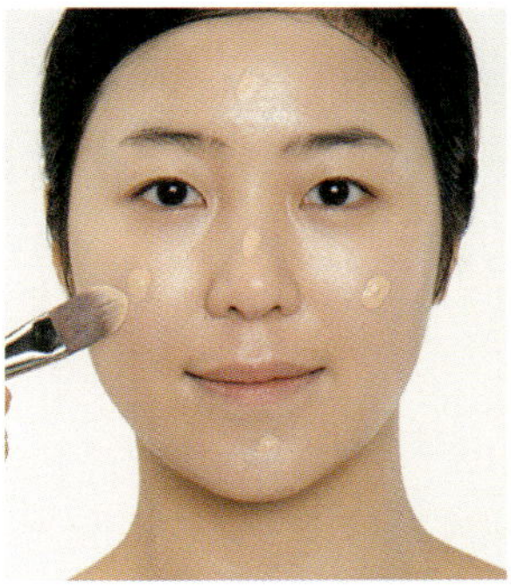

4. 파운데이션 브러시 또는 물에 적신 스펀지로 파운데이션을 가볍게 펴바른다. 두드려 흡수되지 않도록 한다.

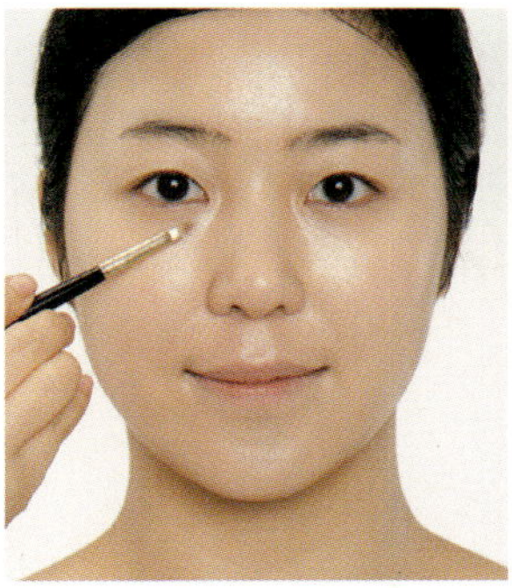

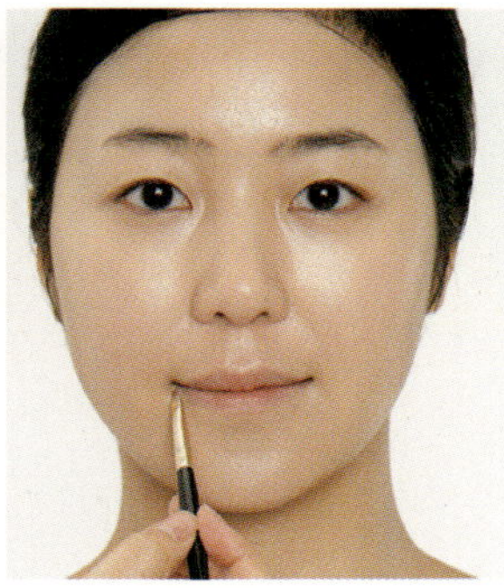

5. 눈밑 다크써클과 입 주변, 미처 커버하지 못한 뾰루지, 점 등은 컨실러로 가볍게 커버한다. 지나치게 두껍거나 매트하게 처리되어 눈에 띄지 않도록 유의한다.

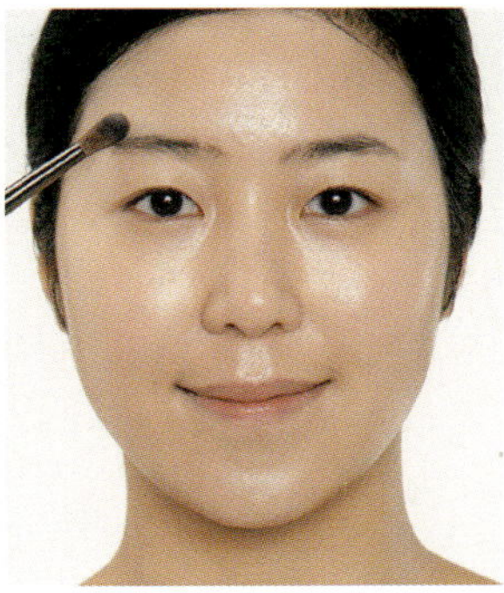

6. 파우더는 눈두덩이, 콧방울, 페이스라인 등에 최소화하며, 얼굴 전체의 자연스러운 물광 표현을 마무리한다.

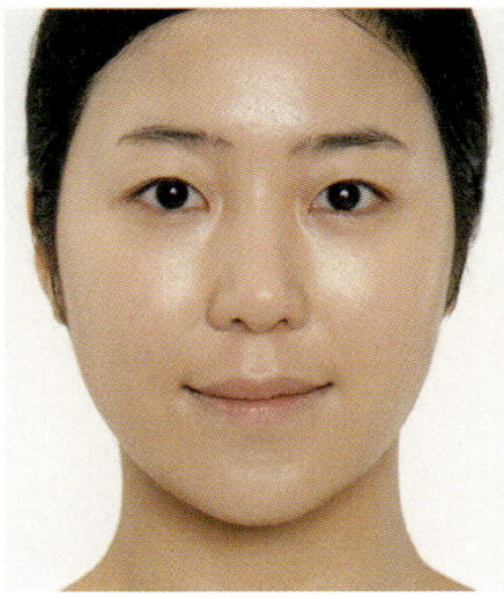

7. 물광 베이스 메이크업 완성

3. 태닝 베이스 메이크업

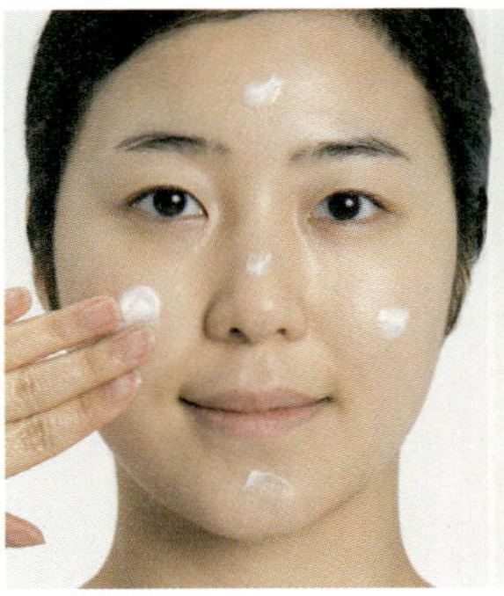

1. 태닝 메이크업은 촉촉하고 반짝이는 피부가 어울리므로 메이크업 전 기초화장품을 충분히 바른다.

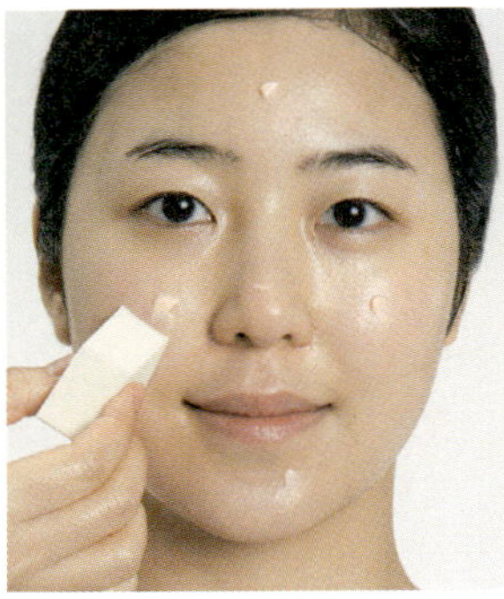

2. 펄 메이크업 베이스 또는 오렌지 컬러의 메이크업 베이스를 사용하여 부드럽게 펴 바른다.

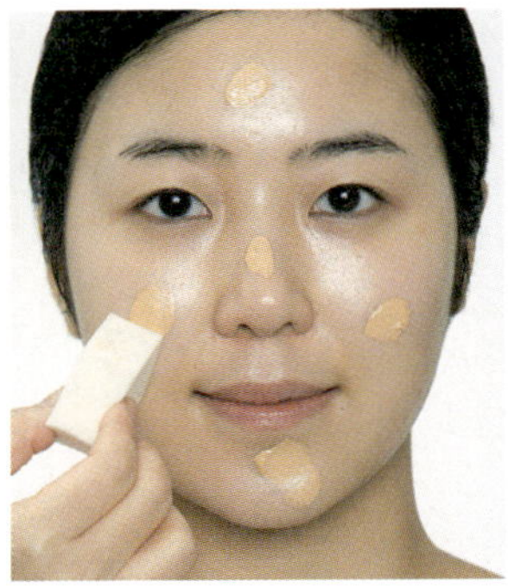

3. 피부톤보다 1~2톤 어두운 리퀴드 파운데이션을 선택한다.

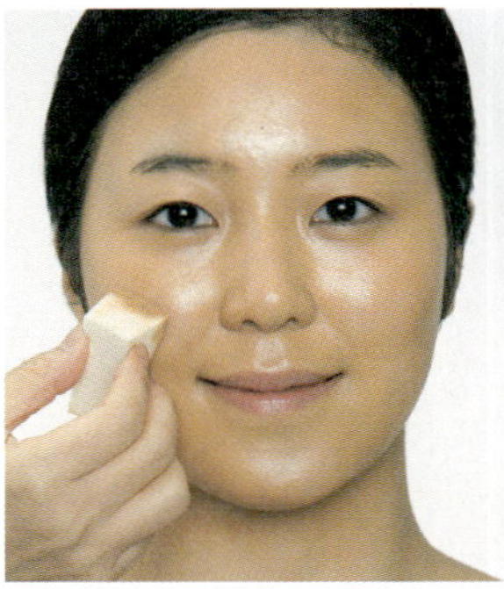

4. 파운데이션 브러시 또는 물에 적신 스펀지로 발라 피부광을 살려준다.

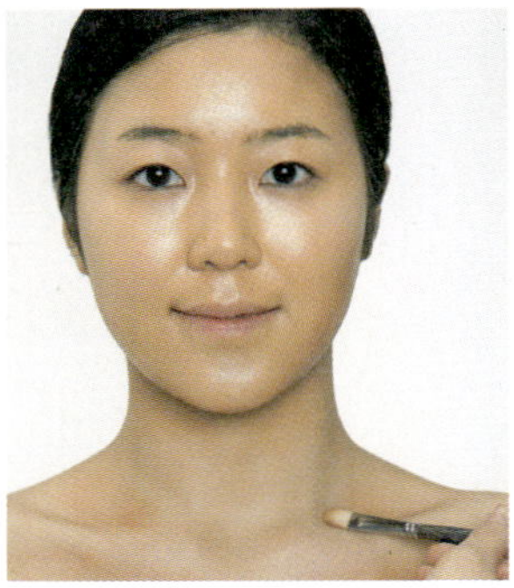

5. 목과 쇄골에도 남은 파운데이션 또는 섀이딩 제품을 사용하여 처리한다.

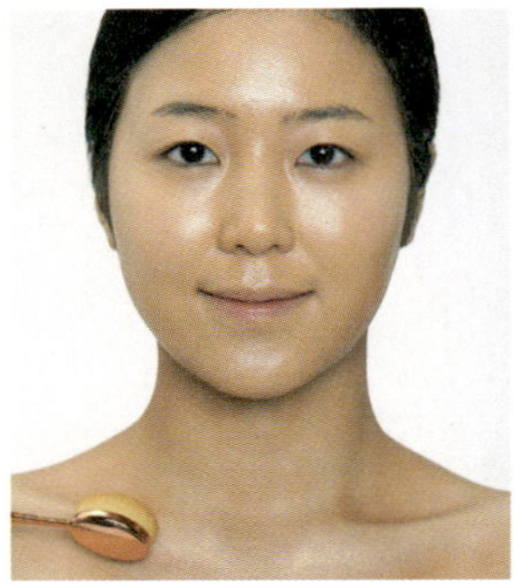

6. 돌출된 쇄골에는 하이라이트를 발라준다.

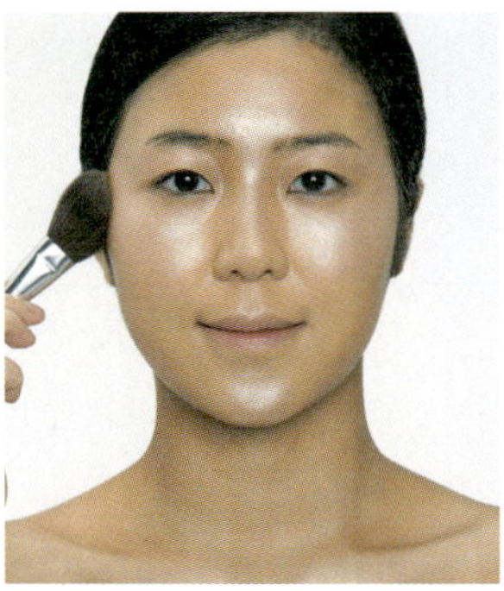

7. 펄이 가미된 파우더를 사용하여 부드럽게 마무리한다. 매트한 파우더를 사용하면 피부광이 사라지므로 유의한다.

8. T존, 광대뼈 위, 앞턱, 윗입술 등 돌출된 부위를 펄파우더를 사용하여 처리해주어 광을 더 살려준다.

Ⅱ. 얼굴 윤곽 수정하기

※ 학습 목표

- 얼굴 피부 유형, 피부톤 상태에 따른 윤곽 수정 제품을 사용 할 수 있다.
- 피부의 추가적인 결점 보완을 위한 제품을 선택할 수 있다.

ⅰ. 윤곽수정 메이크업

윤곽 수정 메이크업이란 메이크업 제품의 색차와 명암차를 이용하여 얼굴에 입체감을 살리고 이상적인 얼굴형으로 착시효과를 일으키는 기법이다. 제품색과 톤의 경계가 생기지 않도록 주의하여 자연스럽게 얼굴 윤곽을 수정할 수 있도록 한다.

1. 윤곽 수정 베이스 메이크업

베이스, 하이라이트, 셰이딩 컬러를 사용하여 얼굴의 윤곽을 수정할 수 있다.

1) **베이스**(base) **표현**

기본적인 피부톤으로 피부색에 가까운 자연스러운 색상을 선택하여 얼굴 전체에 표현한다.

2) **하이라이트**(highlight) **표현**

베이스 컬러보다 1~2톤 밝은 색으로 선택하여, 진출되어 보이거나, 넓어보이도록 표현한다. T존, 눈밑 다크써클, 눈썹뼈 부분, 턱 부분 등이 해당된다.

3) **셰이딩**(shading) **표현**

베이스 컬러보다 1~2톤 어두운 색으로 선택하여 들어가 보이거나 축소되게 보이도록 표현한다. 광대뼈, 빰, 각진 턱, 각진 이마, 페이스라인 등을 축소되어 보이는 효과를 주거나 노우즈 셰이딩 등 음영을 표현한다.

2. 윤곽 수정 메이크업 제품의 종류

1) **파운데이션 타입** : 일반적으로 윤곽수정 베이스 메이크업 제품은 크림 또는 스틱타입 파운데이션으로 출시되며, 하이라이트, 셰이딩컬러로 구성되어 있다. 최근에는 컨실러 또는 치크 메이크업 제품과 함께 팔레트 제품 등 다양하게 출시되고 있다.

2) **파우더 타입** : 파우더까지 베이스 메이크업을 마무리한 후, 파우더 타입의 윤곽 수정 메이크업 제품을 사용하기도 한다. 일반적으로 하이라이트 컬러는 미세한 펄이 함유된 제품이 많고, 셰이딩 컬러는 태닝용 파우더로 출시되기도 한다.

파운데이션 타입

파우더 타입

ii. 얼굴형별 윤곽 수정

가장 이상적인 얼굴형은 달걀형으로 색조 메이크업에 따라 다양한 이미지로 변신이 가능하다. 하이라이트, 셰이딩의 착시현상을 이용한 윤곽 수정 메이크업을 통해 얼굴형을 이상적인 얼굴형으로 수정할 수 있다.

1. 둥근얼굴형

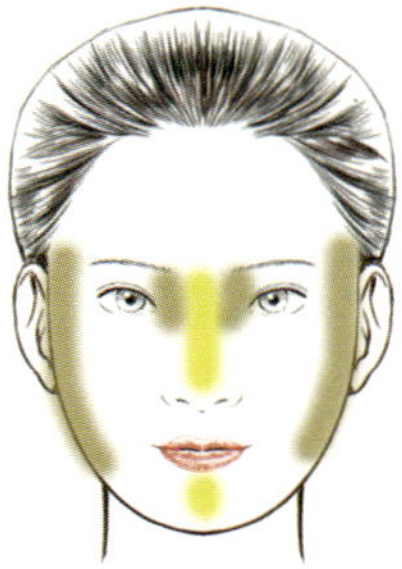

볼과 턱선이 둥근 귀엽고 어려보이는 느낌으로 동양인에게 많은 얼굴형이다. 부드러워 보이나 얼굴이 평면적으로 보일 수 있으므로 윤곽을 살리고 입체감을 주도록 한다.
얼굴 양 측면와 노우즈 셰이딩을 처리하고 코끝을 향해 하이라이트를 길게 넣어주어 전체적으로 얼굴이 길어보이도록 한다.

2. 긴 얼굴형

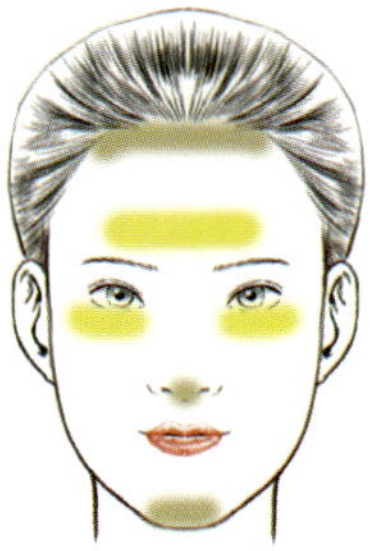

얼굴의 세로가 긴 얼굴형으로 마른 사람에게 많으며, 여성적이고 성숙한 이미지를 가지나 나이가 들어보이는 단점이 있는 얼굴형이다.
얼굴을 짧아보이도록 전체적으로 가로 느낌이 들도록 메이크업을 해주는 것이 좋다. 이마 끝, 코끝, 턱 부분은 가로 방향으로 셰이딩을 하고, 이마 중앙과 눈밑에 가로로 하이라이트 처리해준다. 코에 하이라이트를 길게 넣으면 얼굴이 더 길어 보일 수 있으므로 주의한다.

3. 삼각형

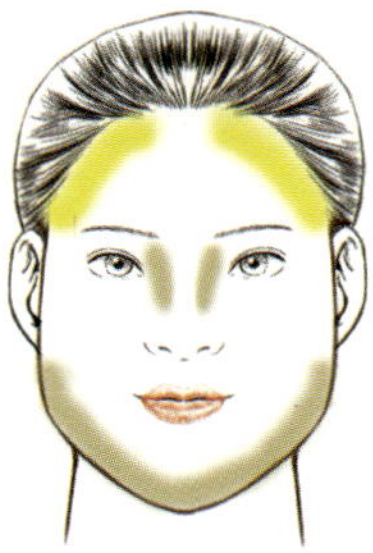

이마가 좁고 턱이 넓은 얼굴형으로 안정감 있는 이미지를 가지지만 고집스러워 보일 수 있다. 주로 중년 여성들에게 많이 나타나는 얼굴형이다.
볼과 턱 밑으로 셰이딩을 처리하여 턱이 좁아 보이는 효과를 주고, 이마 양 끝에 하이라이트 효과를 주어 얼굴형을 수정한다.

4. 역삼각형

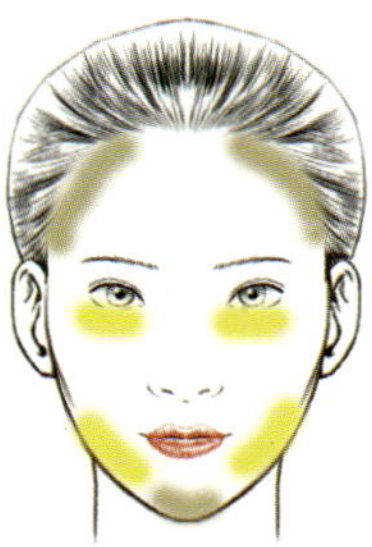

이마가 넓고 턱이 V자로 좁은 얼굴형으로, 이지적이고 세련미가 느껴지는 미인형이지만 날카로운 인상을 가진다.
이마 양 끝과 턱 끝에 셰이딩을 넣고, 눈밑과 볼에 하이라이트를 넣어주어 풍성한 이미지로 수정한다.

5. 사각형

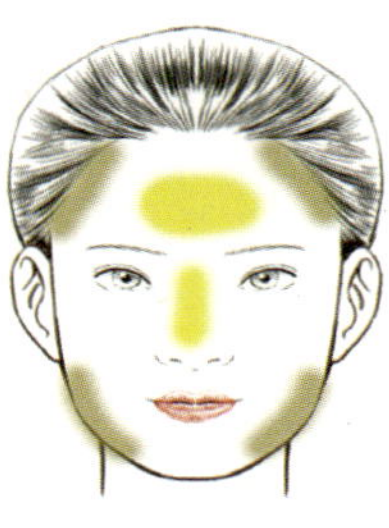

이마 끝과 턱에 각이 있고 전체적인 얼굴이 직선인 느낌으로 안정된 느낌과 신뢰감을 주며 개성이 있으나, 남성적이고 강한 인상을 줄 수 있는 얼굴형이다.
전체적으로 부드러운 이미지를 만들기 위해서 이마 양 끝과 각진 턱뼈에 셰이딩을 넣어 얼굴 폭을 감소시키고, 이마와 코에 하이라이트 표현을 하여 얼굴이 길고 둥글어 보이도록 수정한다.

6. 다이아몬드형

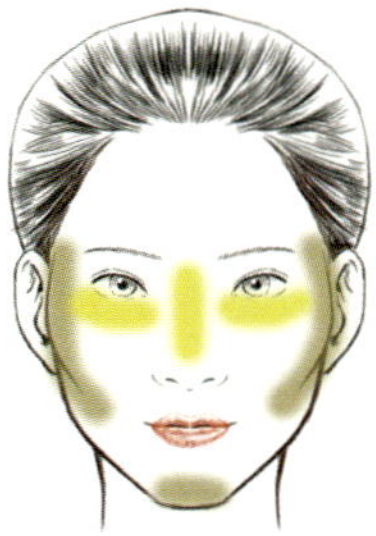

이마가 좁고 턱이 뾰족하며 광대뼈가 옆으로 발달된 얼굴형으로 다소 강하고 날카로운 이미지를 가진 얼굴형이다.

튀어나와 있는 광대뼈와 뾰족한 턱 끝에 셰이딩을 처리하고, 이마, 눈밑, 뺨 부위에 하이라이트를 주어 둥글고 부드러운 인상으로 만들어 준다.

iii. 얼굴 윤곽 수정하기

필요 재료	· 메이크업 키트 · 티슈, 면봉 등
필요 기기 (장비 · 공구)	· 거울이 포함된 작업대 · 의자(높이 조절이 가능한 메이크업 의자)
안전 · 유의사항	· 제품의 위생을 고려하여 보관할 때 깨끗한 상태를 유지하고 작업 전 반드시 도구와 기구를 소독하며, 제품의 유효 기간을 사전에 확인한다. · 컬러 베이스는 메이크업 트렌드에 따라 달라질 수 있으며 최근에는 자연스러운 피부 톤을 중시하는 추세이므로 베이스 메이크업을 할 때 피부 트러블에 대한 결점 보완에 유의한다. · 피부 상태에 적합한 베이스 메이크업 제품의 제형과 색상을 선택한다. · 베이스 화장품 등이 밀리거나 들뜨게 될 경우에는 면봉을 이용하여 살살 펴 발라 주거나, 면봉에 클렌징을 묻혀 다시 작업하도록 한다. · 다크서클, 기미 등의 잡티를 가리기 위해 컨실러를 지나치게 많이 사용하게 될 경우 더욱 두드러지게 될 수 있으므로 유의한다. · 파우더 가루가 눈에 들어가지 않도록 모델의 눈을 감은 상태에서 가볍게 눌러서 유분기를 제거한다.

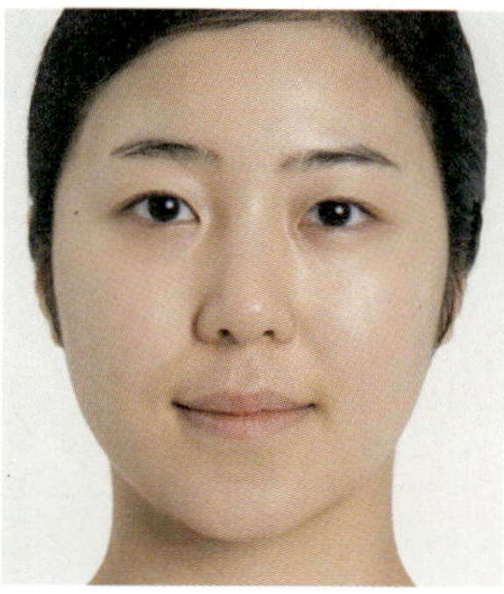

1. 문진, 견진, 촉진을 통해 피부를 분석하고, 피부 유형에 적합한 베이스 메이크업 제품과 순서를 선택한다.

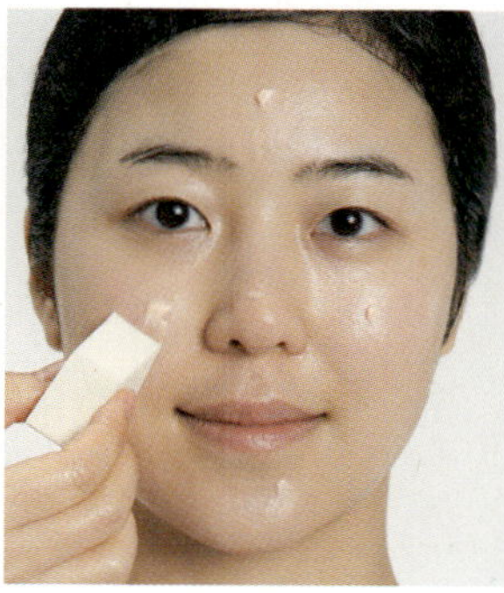

2. 고객의 피부톤에 맞는 메이크업 베이스를 선택하여 피부를 보정한다.

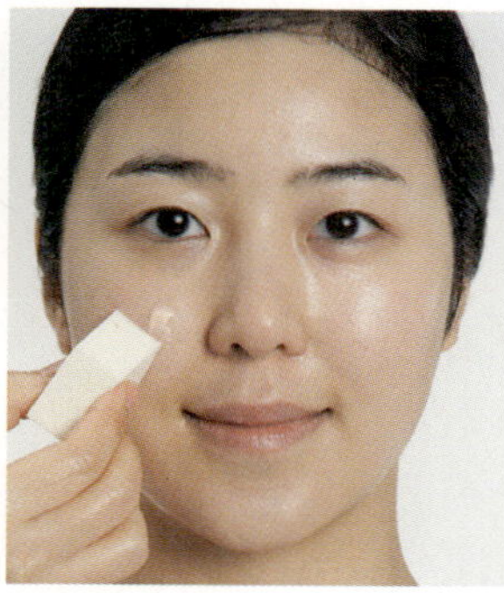

3. 피부톤이 균일하지 않은 경우에는 부분적으로 다른 색상의 메이크업 베이스를 사용한다.

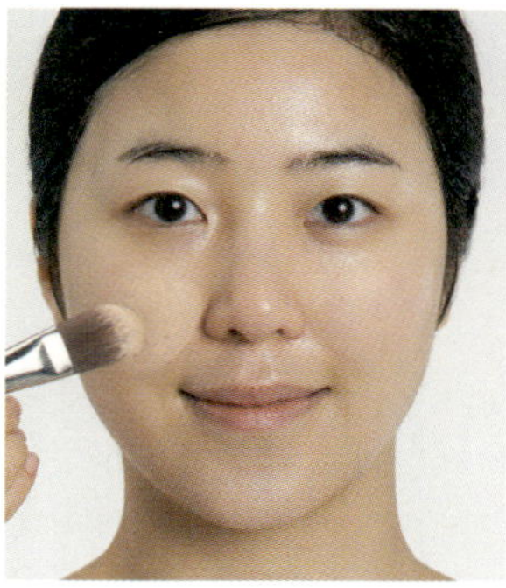

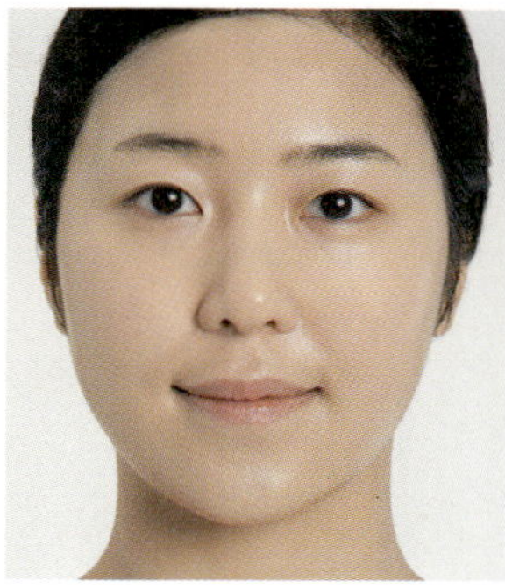

4. 피부에 맞는 파운데이션 제형을 선택하여, 스펀지 또는 파운데이션 브러시로 펴바른다. 피부색과 같은 톤 또는 한 톤 밝은 색을 선택하여 화사한 피부 표현을 하도록 한다.

5. 눈 밑 다크써클과 잡티 등 미처 커버하지 못한 부위에 컨실러를 발라준다.

TIP

윤곽 수정 메이크업은 베이스 컬러의 파운데이션을 먼저 얼굴 전체에 바른 후, 하이라이트와 셰이딩 컬러를 표현하여 얼굴의 입체감을 살려주도록 한다.

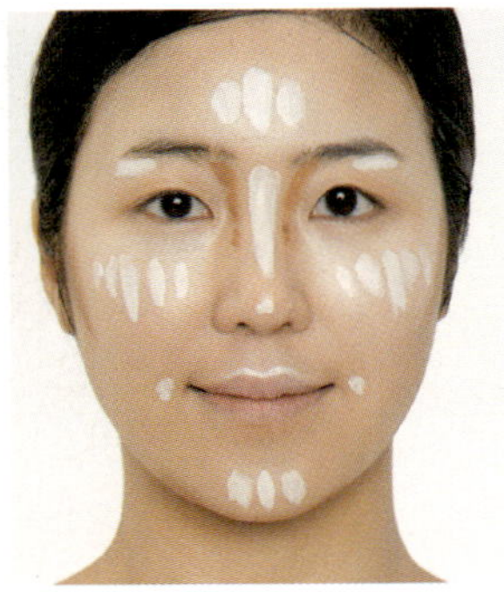

6. 하이라이트 파운데이션과 셰이딩 파운데이션을 바른 후, 스펀지를 이용하여 패팅 기법으로 얼굴 전체에 두드려 바른다. 베이스, 하이라이트, 섀이딩 파운데이션의 경계선이 생기지 않도록 그라데이션을 해준다.

TIP

하이라이트는 T존, 볼, 눈썹뼈, 윗입술, 턱 등 얼굴의 돌출 부위 또는 밝아보여야 하는 부위이고, 셰이딩은 노우즈 섀도 부위, 광대 부위 등 얼굴의 축소되거나 후퇴되어 보여야 하는 부위이다.

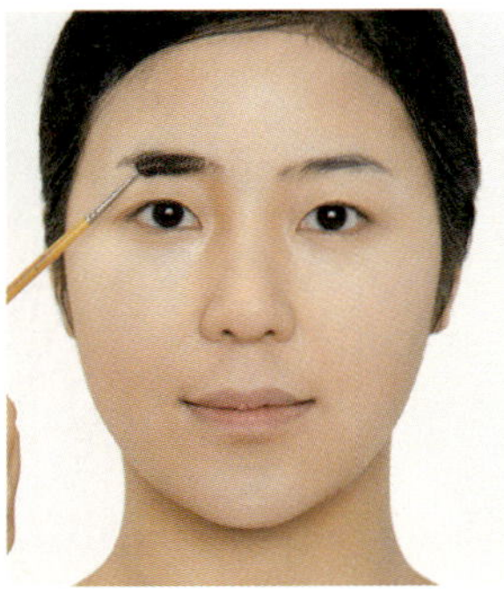

7. 파우더 브러시 또는 파우더 퍼프를 사용하여 파우더를 처리한다.

8. 눈썹이나 입술에 뭉친 파운데이션과 파우더 잔여물은 스크류 브러시와 면봉을 이용하여 닦아주어 깔끔하게 윤곽 수정 베이스 메이크업을 마무리한다.

평가 준거

학습 내용	학습 목표	성취수준		
		상	중	하
피부 표현 메이크업 실행	얼굴의 피부색 및 피부톤에 따른 베이스 제품을 구분할 수 있다.			
	베이스 제품의 질감, 발림, 밀착성 등을 고려하여 제품을 선택할 수 있다.			
	베이스 제품의 특성에 따른 표현 도구를 사용할 수 있다.			
얼굴 윤곽 수정	얼굴 피부 유형, 피부톤 상태에 따른 윤곽 수정 제품을 사용할 수 있다.			
	피부의 추가적인 결점 보완을 위한 제품을 선택할 수 있다.			

NCS기반 기본메이크업

Basic Make-up

Chapter 4

색조 메이크업

Chapter 4

색조메이크업

고객의 얼굴 형태와 특성, 이미지 등에 조화되는 아이 브로우, 아이, 립 & 치크 메이크업으로 아이브로우, 아이섀도, 립스틱, 치크, 아이라이너, 마스카라 등의 색조화장품을 사용하여 부분적으로 색채를 강조하거나 음영을 주어 입체감을 연출할 수 있다.

NCS 분류번호	1201010317_16v3
능력단위 명칭	색조 메이크업
능력단위 정의	색조 메이크업은 고객의 얼굴 형태와 특성, 이미지 등과 조화를 이룰 수 있는 아이 브로우, 아이, 립&치크 메이크업을 실행할 수 있는 능력이다
능력단위 요소	1201010317_14v3.1 아이브로우 메이크업하기 1201010317_14v3.2 아이 메이크업하기 1201010317_14v3.3 립&치크 메이크업하기

Ⅰ. 아이 브로우 메이크업(Eye Brow Make-up)하기

아이브로우는 얼굴의 눈썹부분을 말하는 것으로 아름다운 눈을 만드는 기본적인 요소이다. 얼굴 인상을 좌우하는 중요한 부분으로 눈썹을 조금 변화시키는 것만으로도 얼굴의 표정이나 이미지를 바꿀 수 있다. 얼굴 형태나 이미지에 어울리도록 얼굴과 눈매의 폭, 얼굴 길이 등의 밸런스와 눈썹의 두께, 길이, 컬러를 고려하여 이상적인 조화를 이루도록 한다.

※ 학습 목표

- 눈썹형태, 얼굴형, 디자인 등에 따른 아이브로우 이미지를 구분할 수 있다.
- 얼굴형태, 메이크업 디자인을 위한 눈썹을 정리할 수 있다
- 아이브로우 이미지 표현을 위해 색상, 형태 등을 수정 · 보완 할 수 있다
- 메이크업디자인, 스타일 등에 따른 아이브로우를 표현할 수 있다.

ⅰ. 눈썹형태에 따른 이미지

1. 표준형 눈썹

기본적인 눈썹 모양으로 누구에게나 무난히 잘 어울린다. 눈썹 머리는 콧방울 선에서 수직으로 올라가는 선까지 그리며 눈썹꼬리는 콧방울에서 45도 각도로 연장한 선까지 그린다. 눈썹 길이는 눈 길이보다 짧지 않게 하며 눈썹 꼬리와 수평을 이루도록 한다.

2. 각진 눈썹

지적인 느낌을 주며 단정하고 세련되어 보인다. 이러한 눈썹은 둥근 얼굴이나 삼각형 얼굴 등 얼굴의 길이가 짧은 사람에게 잘 어울린다. 표준형 눈썹보다 눈썹 산이 각진 형태로 얼굴이 좀 더 갸름해 보이는 효과가 있다.

3. 아치형 눈썹

매혹적이면서 우아하고 여성적인 느낌을 준다. 이마가 넓은 얼굴형, 턱이 각이 진 얼굴, 역삼각형 얼굴에 잘 어울린다. 기본형보다는 눈썹 두께가 가늘고 눈썹 산 부분이 높고 눈썹 꼬리를 둥글고 길게 그린다.

4. 상승형 눈썹

동적이며 개성적인 느낌을 준다. 둥근 얼굴이나 각진 얼굴에 적합하다. 눈썹 꼬리를 상승형으로 약간 짧게 그려주는 것이 포인트이다.

5. 수평형 눈썹

중성적이며 활동적인 이미지를 준다. 긴 얼굴이나 폭이 좁은 얼굴에 잘 어울리며 표준형 눈썹에 비해 눈썹 산이 낮고 눈썹 길이는 기본형보다 약간 더 짧게 그린다. 눈썹 두께에 따라 어려보이고 순수한 이미지로 보일 수 있다.

ii. 얼굴형에 따른 아이브로우 표현

1. 계란형

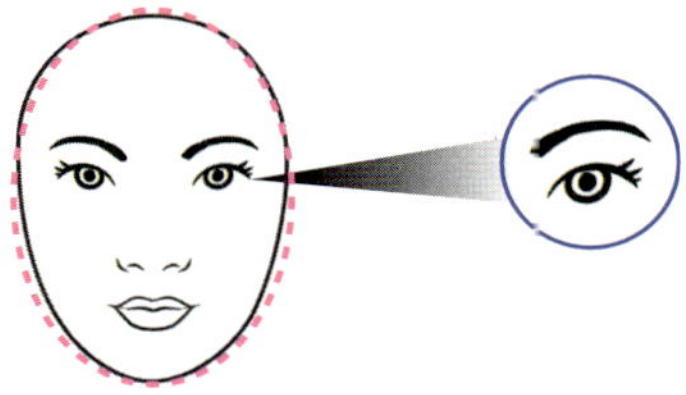

가장 이상적인 얼굴형으로 기본형의 아이브로우를 자연스럽게 그린다. 어느 눈썹 스타일이나 잘 어울리는 얼굴형으로 수평형 눈썹, 각진 눈썹 등 자신의 개성에 맞춰 가장 어울리는 눈썹을 그려 준다.

2. 둥근형

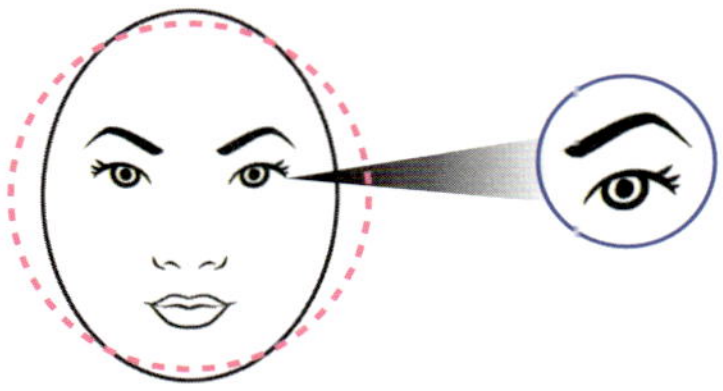

귀엽고 여성스러운 이미지이며, 평면적으로 보일 수 있는 얼굴형이지만 아이브로우 산을 약간 높게 각진 눈썹으로 그리면 얼굴이 갸름해 보이고 세련되고 이지적인 이미지를 연출할 수 있다.

3. 긴 형

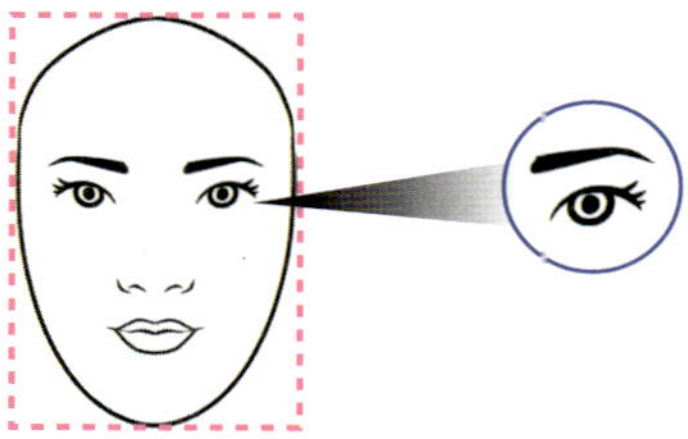

지적이고 성숙한 이미지이며, 약간 도톰한 수평 형태의 일자 아이브로우 형태를 그려 얼굴이 짧아 보이도록 한다. 너무 곧은 일자형이 아니라 전체적으로 일자로 그리면서 눈썹의 끝부분은 자연스럽게 살짝 내린 눈썹으로 그린다.

4. 삼각형

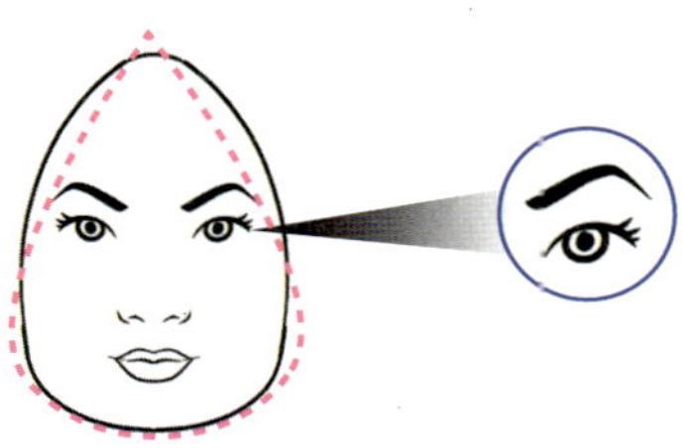

이마가 좁고 양 턱이 발달한 경우로, 본래 형태보다 아이브로우 꼬리 부분을 늘려 전체적으로 약간 긴 형태로 아이브로우를 그리면 좁은 이마도 넓어 보이고 얼굴이 작아 보인다. 각진 눈썹은 삼각형 얼굴에 세련되고 개성적인 느낌을 줄 수 있다.

5. 역삼각형

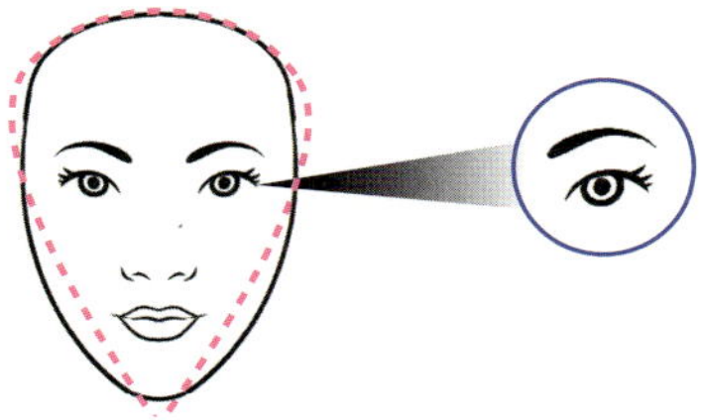

인상이 차가워 보일 수 있는 이미지로 넓은 이마가 좁아 보이게 아이브로우 산을 약간 앞으로 당겨서 그린다. 우아하고 여성스러운 분위기를 연출하는 둥근 눈썹이 잘 어울리며 눈썹의 앞머리를 섀도를 이용하여 살짝 내려주고, 눈썹 산 부분에도 섀도를 이용하여 도톰하고 둥근 눈썹을 그려준다.

6. 사각형

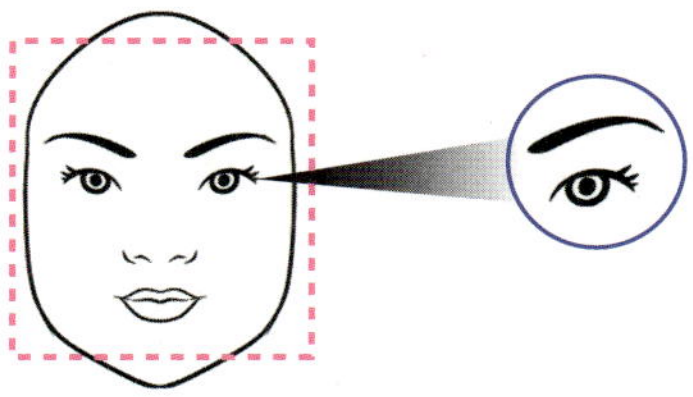

강하고 남성적인 이미지를 주기 때문에 아이브로우 산을 각지지 않고 둥글게 그려 여성스럽고 부드러워 보이게 한다. 넓고 네모난 이마를 가진 경우는 이마가 좁아 보이게 아이브로우 산을 약간 앞으로 당겨서 그려 준다. 지나친 둥근 눈썹은 각진 얼굴에 어색해보일수가 있어 눈썹산은 살리되 부드러운 아치형 눈썹으로 그려준다.

7. 마름모형

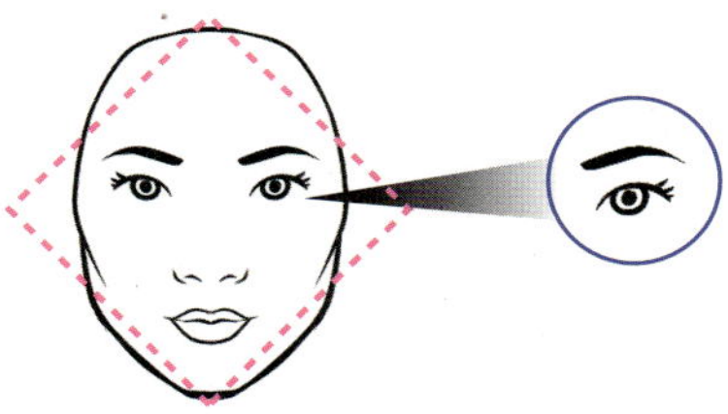

얼굴에 살이 별로 없으며 광대뼈가 발달하고 이마와 턱 부분이 좁은 얼굴형으로 총명한 인상을 주기도 하지만 자칫하면 나이 들어 보이고 날카로워 보인다. 부드러운 둥근형 눈썹이 가장 잘 어울리며 이마가 좁아 보이지 않도록 눈썹을 길게 그리지 않고 눈썹 산 또한 너무 두드러지지 않게 완만하게 그리도록 한다.

iii. 제품

케이크(cake) 타입

아이브로우 브러시에 눈썹과 잘 어울리는 색상을 발라서 자연스럽게 표현한다. 왁스 포뮬러로 눈썹결을 고정하고 눈썹을 그린 후 하이라이터를 사용하면 더욱 깔끔하게 정리할 수 있다. 특히 눈썹 숱이 많을 경우 빈곳만 메우듯이 마무리한다.

펜슬(pencil)타입

쉽고 빠르게 눈썹의 선과 면을 자극 없이 부드럽게 그릴 수 있으나 깎아서 사용해야 하는 번거로움이 있다. 눈썹이 뚜렷하지 않거나 숱이 적은 경우 사용한다. 연필의 좁은 면으로는 형태를 잡아주고, 넓은 면으로는 면을 채워주며 사용한다.

마스카라(mascara) 타입

내장된 브러시 솔을 활용하여 헤어컬러와 톤에 맞추어 내 눈썹처럼 자연스럽게 풍성하고 섬세한 결을 연출할 수 있다. 먼저 눈썹결 반대방향으로 빗질한 다음 눈썹결 방향으로 빗질해서 정리하며 발라준다.

iv. 색상

- **브라운(brown)** : 지적이고 세련된 이미지와 부드럽고 여성스러운 느낌을 준다. 헤어컬러가 밝은 경우, 또한 눈동자의 컬러가 밝은 경우 잘 어울리며, 건강하고 약간 그을린 피부에 어울린다.
- **회갈색(gray brown)** : 차분하고 자연스러운 느낌을 주며 누구에게나 무난하게 어울린다. 동양인에게 가장 잘 어울리는 컬러로서, 단정하고 자연스럽게 표현할 수 있다.
- **블랙(black)** : 개성적인 느낌을 주며 눈이 크고 피부가 흰 사람에게 잘 어울린다. 단정하면서 시크해보이고 중성적인 이미지를 준다.

V. 아이브로우 수정방법

숱이 두꺼운 눈썹

자연스럽게 자신의 얼굴형에 맞게 숱이 많은 곳을 정리한다. 눈썹은 빈 부분만 메꾸어 주고 아이브로우 마스카라를 이용하여 눈썹 결을 살리고 가지런한 아이브로우를 표현할 수 있다.

숱이 적은 눈썹

아이섀도를 이용하여 아이브로우의 형태를 잡아주고 아이펜슬을 이용하여 한 올씩 심듯이 그려주어 자연스럽게 표현한다.

아래로 처진 눈썹

내려간 부위의 눈썹을 정리한 후 아이브로우 펜슬로 형태를 그려준다.

올라간 눈썹

눈썹의 올라간 탑 부분과 앞머리를 제거하고 눈썹 꼬리 쪽을 굴리면서 채워준다.

일직선의 눈썹

눈썹 앞머리가 콧대선 방향으로 가도록 소량 제거하고 눈썹 꼬리 쪽 아래의 눈썹 털을 제거하여 부드러운 곡선의 형태가 되도록 한 후 나머지 눈썹과 연결하여 자연스러운 형태로 채워준다.

눈썹모가 불규칙한 눈썹

불규칙한 눈썹을 정리하고 나서 아이브로우의 빈 부분을 풍성하게 보이도록 아이브로우 펜슬로 형태를 그려준 다음 아이섀도로 정리한다.

눈썹 왁싱

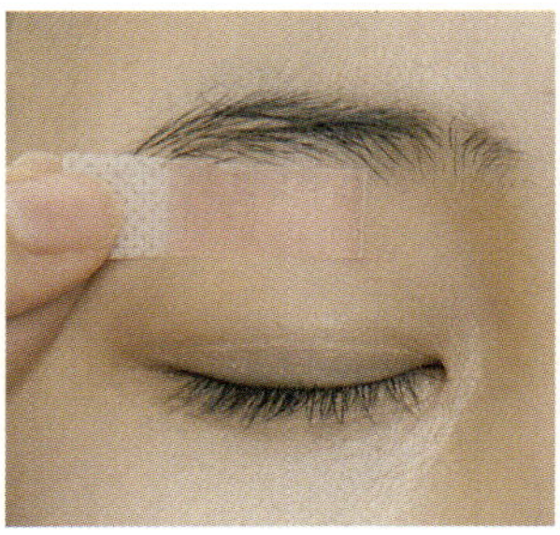

눈썹 주위에 잔털이나 원하는 눈썹 모양을 만들기 위해 불필요한 눈썹모를 모근까지 제거하는 방법이다. 눈썹부위를 면도 제모하면 금방 올라오지만 왁싱으로 모근까지 제거하면 2주 가까이 깔끔하게 유지가 되기 때문에 관리가 쉬운 편이다.

vi. 표준형 눈썹 그리는 방법

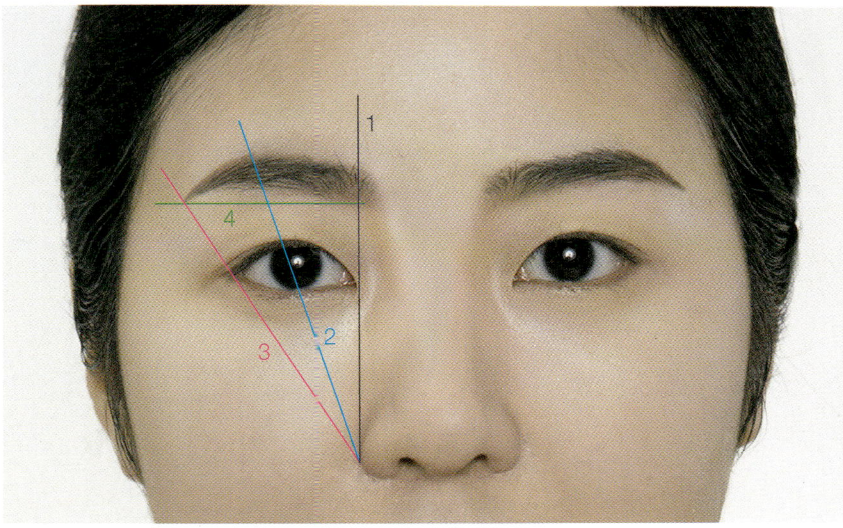

1. **눈썹머리의 위치** : 눈머리와 콧 망울이 일직선이 되는 위치에 앞머리를 정한다.
2. **눈썹산의 위치** : 콧망울에서 검은 눈동자를 지나는 위치로 눈썹의 가장 높은 부분이다.
3. **눈썹의 꼬리** : 눈썹의 끝은 앞머리보다 쳐지지 않도록 하고 눈썹꼬리는 콧망울과 눈 끝을 지나는 45도 지점으로 정한다.
4. **눈썹의 균형** : 눈썹의 머리와 꼬리는 일직선 상에 놓이게 하고 좌, 우 눈썹이 대칭이 되도록 한다.

vii. 아이브로우 메이크업 실습

필요 재료	· 메이크업 키트 · 화장 솜, 면봉, 티슈 , 화장수, 세정제, 소독제
필요 기기 (장비 · 공구)	· 거울이 포함된 작업대 · 의자(높이 조절이 가능한 메이크업 의자) · 빔 프로젝터
안전 · 유의사항	· 메이크업을 하기 전에 메이크업 아티스트는 손을 세정하고 작업 환경을 청결히 한다. · 제품의 위생을 고려하여 보관할 때 깨끗한 상태를 유지하고 작업 전 반드시 도구와 기구를 소독하며, 유효 기간이 있는 제품은 사전에 확인한다.

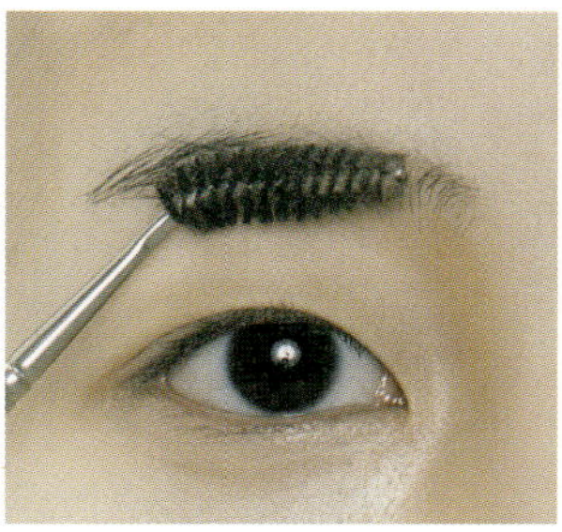

1. 눈썹 정리 전 스크루 브러시나 아이브로우콤 브러시로 눈썹결대로 빗어준다.

2. 아이브로우콤 브러시의 가이드라인을 따라 라인 밖으로 나오는 눈썹을 가위로 정리한다.

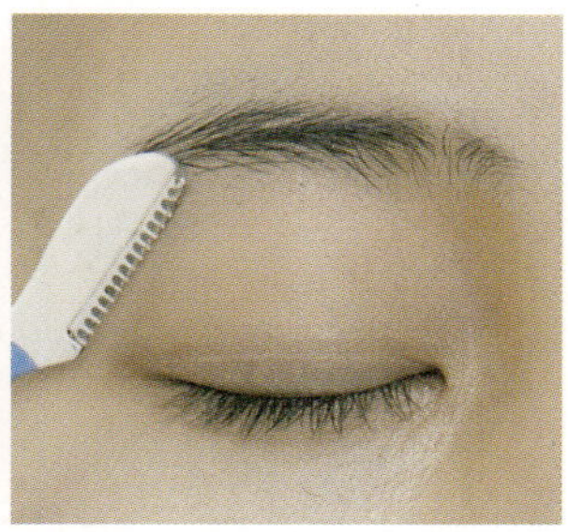

3. 눈썹 칼로 털이 난 반대 방향으로 눈두덩이의 잔여 눈썹을 깔끔하게 정리한다.

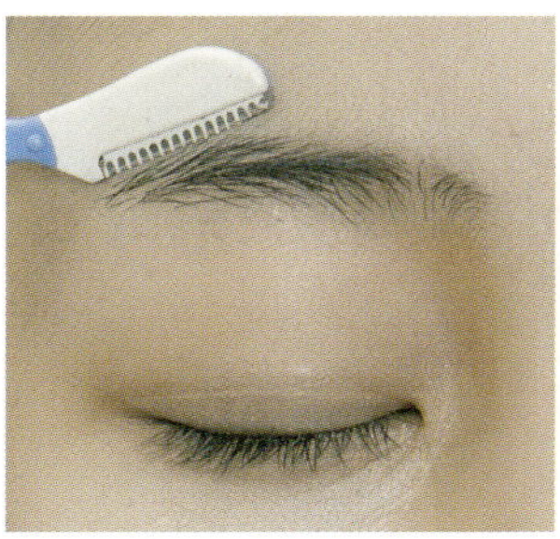

4. 눈썹 산의 각을 잡아주기 위해 눈썹 칼로 조금씩 잘라 정리한다. 이 때 힘 조절에 주의한다.

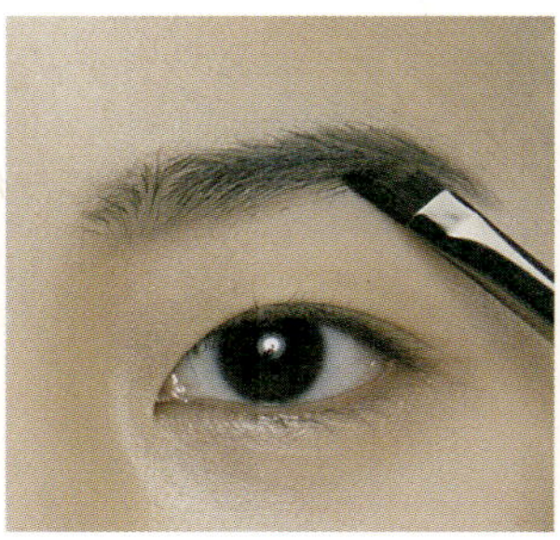

5. 아이브로우 브러시에 브라운 아이섀도를 묻혀 눈썹 모양을 잡아가며 라인을 그려준다.

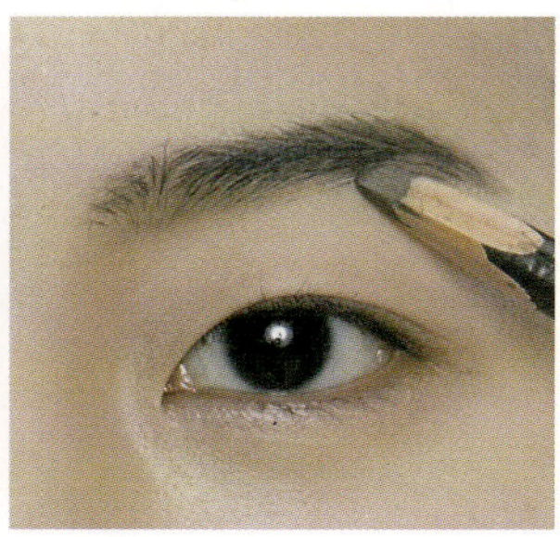

6. 아이브로우 펜슬로 좀 더 분명하게 눈썹 라인을 잡는다.

7. 스크루 브러시를 사용하여 눈썹 결대로 빗어 톤을 부드럽고 일정하게 조절한다.

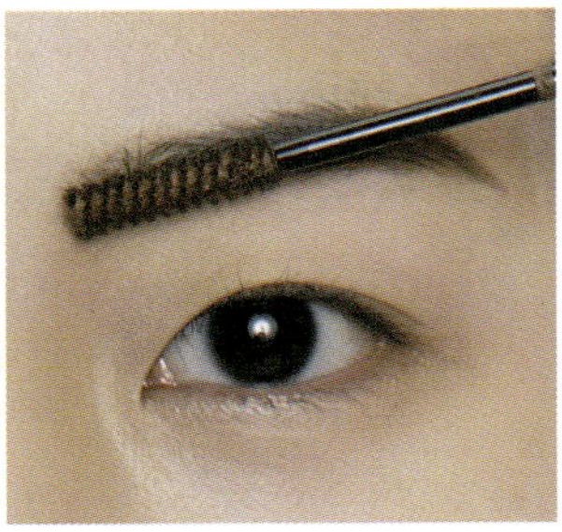

8. 아이브로우 마스카라로 눈썹 결 반대방향으로 빗었다가 다시 정방향으로 빗는다.

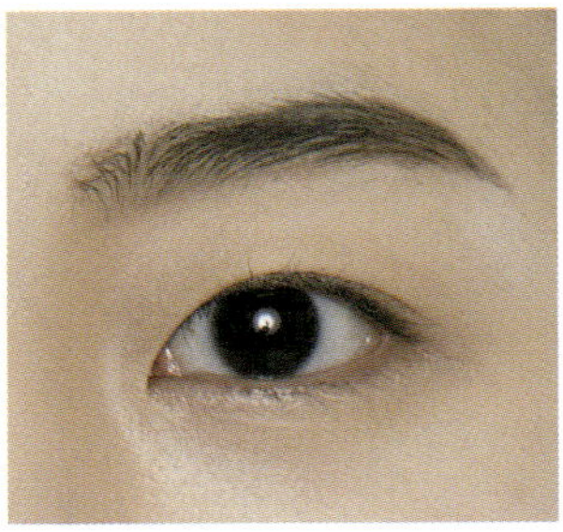

9. 표준형 아이브로우 완성

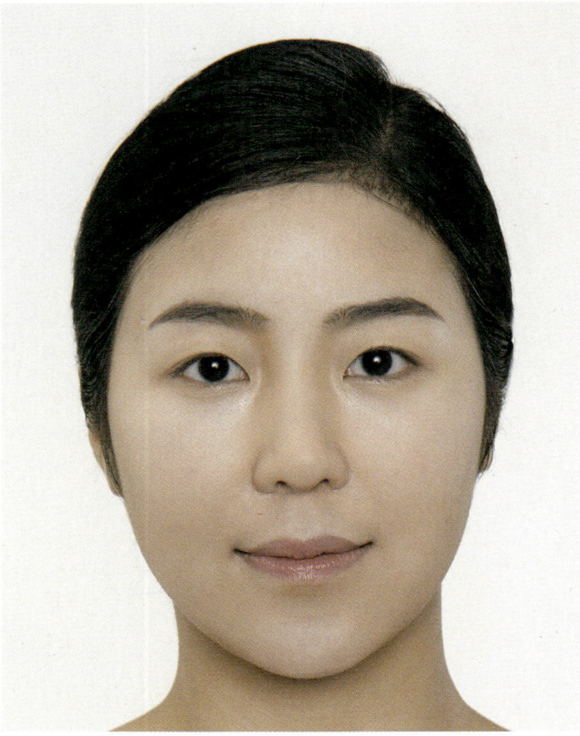

TIP

- 눈썹의 길이는 눈 길이보다 짧게 하지 않는다.
- 눈썹의 머리와 꼬리는 일직선상에 놓이게 한다.
- 좌, 우 눈썹이 대칭이 되도록 한다.
- 모발의 색상과 비슷하거나 약간 밝은 색상을 이용한다.

Ⅱ. 아이 메이크업(Eye Make-up)하기

눈매에 음영을 만들고 입체감을 주어 눈을 아름답게 표현해준다. 다채로운 색상과 질감 등을 이용하여 표현하고자 메이크업 디자인에 적합하게 연출하며, 눈의 형태, 결점보완을 위한 아이섀도, 아이라인, 마스카라 실기 테크닉을 익히도록 한다.

※ 학습 목표

- 재료의 특성에 따른 질감, 발색, 밀착성, 발림성 등을 구분 · 선택할 수 있다.
- 눈의 형태, 결점보완을 위한 아이섀도우를 사용할 수 있다.
- 메이크업 디자인에 적합한 눈매를 표현할 수 있다.
- 눈의 형태, 눈동자, 모발 및 눈썹 등을 고려하여 아이라인을 표현할 수 있다.
- 속눈썹 상태, 메이크업 디자인에 적합한 마스카라 제품을 사용할 수 있다.

필요 재료	· 메이크업 키트 · 메이크업 브러시 세트, 아이래시 컬러, 분첩, 메이크업 티슈 등 · 손 소독제, 아이섀도, 아이라이너, 마스카라 등 아이 메이크업 제품 세트 (종류와 색상별)
필요 기기 (장비 · 공구)	· 거울이 포함된 작업대 · 의자(높이 조절이 가능한 메이크업 의자)
안전 · 유의사항	· 제품의 위생을 고려하여 보관할 때 깨끗한 상태를 유지하고 작업 전 반드시 도구와 기구를 소독하며, 유효 기간이 있는 제품은 사전에 확인한다. · 아이 메이크업 재료에 따른 표현 방법을 알고 적절한 재료 선택이 이뤄지도록 한다. · 아이 메이크업을 표현할 때에는 정교하고 섬세한 태도를 취해야 한다.

i . 아이섀도

1. 아이섀도의 종류

크림 타입

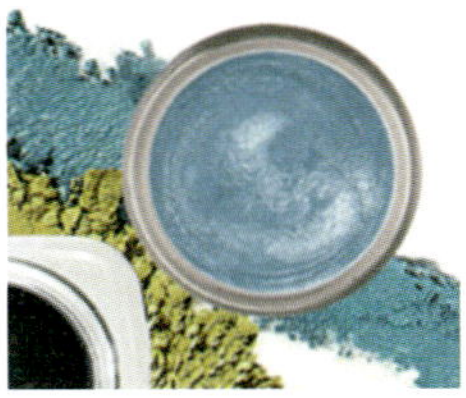

유분이 함유되어 사용감이 부드럽게 잘 펴지며 손이나 브러시를 사용하여 바른다. 케이크 타입과 함께 사용하면 발색과 지속력이 증가하지만 쌍겹 부위에 잘 뭉치는 경향이 있다.

케이크 타입

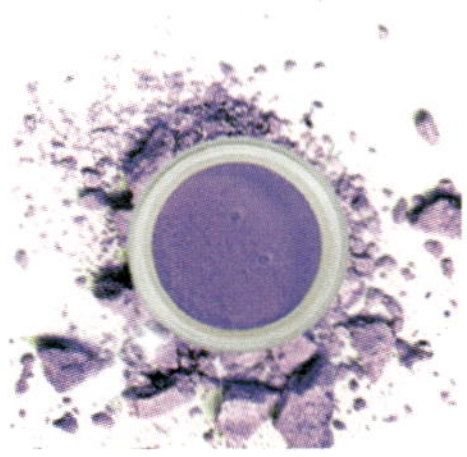

밀착력과 발색력이 좋으며 가장 일반적으로 사용하며 다양한 컬러가 있다. 매트(Matte), 새티니(Satiny), 이리디슨트(Iredescent), 메탈릭(Metallic), 다이아몬드(Diamond) 등의 질감으로 블렌딩 해서 사용할 수 있다.

파우더 타입

아이섀도우 뿐 만 아니라 컬러에 따라 하이라이터로도 활용 가능하며 다양한 컬러로 구성되어있어 다채로운 룩 연출을 가능하게 해준다. 미세하고 고운 광채 펄 입자가 피부에 균일하게 밀착되어 눈부시게 화려하고 반짝이는 컬러를 표현한다.

펜슬 타입

크림타입과 비슷한 질감이며, 선적인 느낌을 원할 때 사용되나 주름진 눈에는 적합하지 않다. 펜슬타입으로 휴대가 간편하며 아이섀도, 아이라이너, 블러셔 등의 멀티제품으로 연출이 가능하다.

2. 아이섀도의 명칭

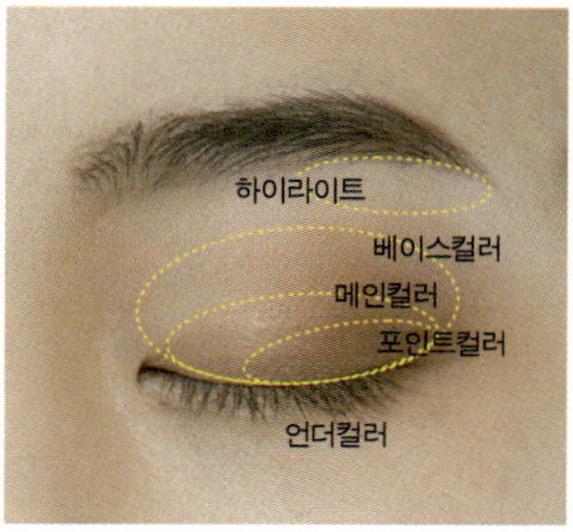

· 하이라이트(High Light Color) : 가장 밝은 색으로 눈썹뼈와 눈앞머리, 언더라인, 눈꺼풀 중간 부분에 많이 사용한다. 주로 돌출되어 보이고자하는 부위에 발라준다.

· 베이스컬러(Base Color) : 아이섀도의 색상 표현의 첫 번째 단계로 눈두덩이 전체에 고르게 바른다.

· 메인컬러(Main Color) : 아이섀도의 색상 표현의 두 번째 단계로 분위기를 좌우하는 중요한 컬러이다. 포인트 컬러 부위와 아이홀 부위에 자연스럽게 그라데이션 한다.

· 포인트 컬러(Point Color) : 눈매의 강조를 위해 발라지는 컬러로 강한 색을 선명하게 표현하며 눈의 표현하는 부위에 따라서 다양한 이미지를 연출할 수 있다.

· 언더컬러(Under Color) : 선적인 느낌으로 메인 컬러 또는 포인트 컬러와 연결하여 사용하기도 하고 다른 다양한 컬러를 사용하기도 한다.

3. 아이섀도 색과 이미지

메이크업의 전체적인 분위기를 결정하므로 의상의 색, 모델의 눈동자 색과 피부색, 모발색, 계절 등을 고려하여 선택한다. 또한 메이크업 T(시간), P(장소), O(목적이나 상황)에 맞춰 색상, 강도, 질감 등을 선택한다.

갈색계 : 자연스러운, 건강함, 피부색이나 모발색과 가장 잘 매치되며 차분한 이미지를 준다.

청색계 : 시원한 느낌, 눈을 가장 뚜렷하게 보이게 한다. 부분 포인트 색으로 활용한다.

녹색계 : 젊고 발랄한 느낌, 다갈색의 피부에 어울린다.

보라색계 : 우아함, 요염함, 성숙함, 고급스러움, 흰 피부와 핑크계의 피부에 어울린다.

회색계 : 세련됨, 흰피부에 어울린다. 도시적인 시크한 이미지에 활용한다.

적색계 : 귀여움, 흰 피부, 핑크색 피부에 어울리나 과한 사용은 눈이 충혈 되어 보인다.

4. 아이섀도 기본테크닉

눈앞머리 포인트

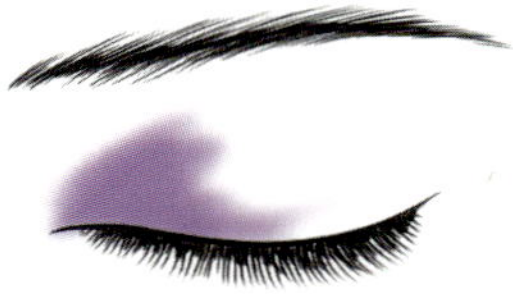

양미간이 넓은 사람은 좁아 보이고, 올라간 눈에도 효과적이다. 대담하고 강한 인상을 준다.

눈 중앙 포인트

검은 눈동자를 기준으로 그 위쪽에 포인트를 주는 방법으로 눈이 크고 둥글게 보인다. 눈매가 날카롭고 눈이 가늘고 긴 사람이 효과적이다.

눈꼬리 포인트

눈을 좀 더 깊이 있고 길어보이게 한다. 눈꼬리를 끌어올리듯이 사선 처리하면 젊고 세련된 표현이 되고 눈꼬리를 감싸듯이 부드럽게 퍼진 듯 처리하면 온화하고 부드러운 표현이 된다. 눈꼬리가 처진 사람에게 효과적이다.

일직선 포인트

눈의 쌍겹 부분에 일직선으로 포인트를 주는 방법으로 원 포인트 메이크업과 내추럴 메이크업에서 많이 쓰인다.

아이홀 포인트

눈이 그윽하고 깊이 있어 보이며 시대 메이크업이나 무대 메이크업에 많이 쓰인다.

5. 아이섀도 기본 테크닉 실습

눈꼬리 포인트 아이섀도

1. 눈썹뼈에 화이트 아이섀도로 하이라이트를 준다.

2. 눈 앞머리에 화이트 아이섀도로 하이라이트를 준다.

3. 메인컬러(베이지)를 사용하여 눈꼬리 부분부터 아이홀의 1/2까지 자연스럽게 음영을 준다.

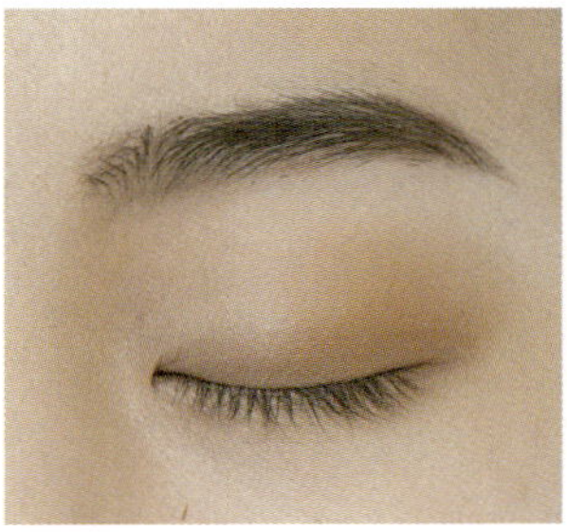

4. 메인컬러 완성

5. 포인트컬러(브라운)를 사용하여 눈길이의 1/3까지 음영을 준다.

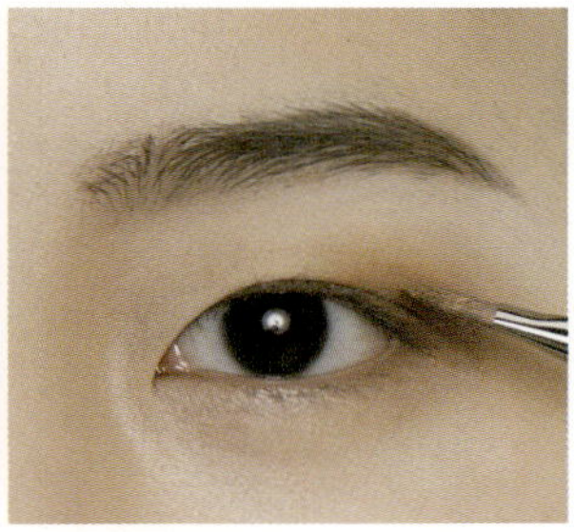

6. 포인트 컬러는 눈동자 높이에서 메인컬러와 자연스럽게 그라데이션 한다.

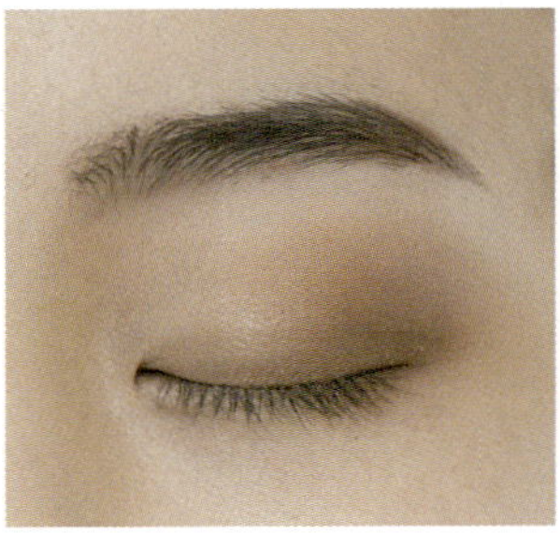

7. 포인트 컬러 완성

8. 언더 라인에도 포인트 컬러를 사용하여 눈길이의 1/3까지 음영을 준다.

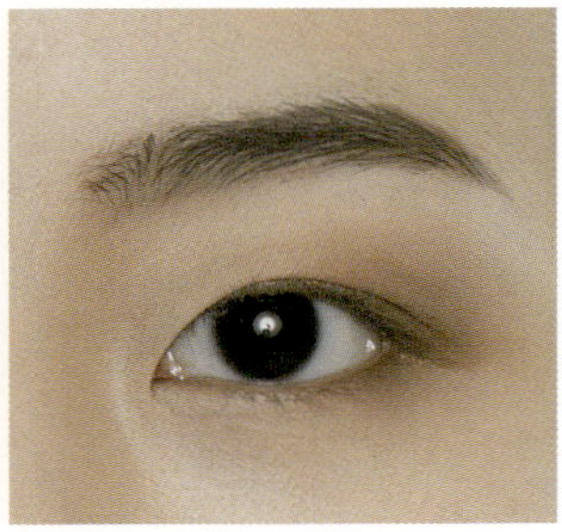

9. 눈꼬리 포인트 아이섀도 완성

일직선 포인트 아이섀도

1. 눈썹뼈에 화이트 아이섀도로 하이라이트를 준다.

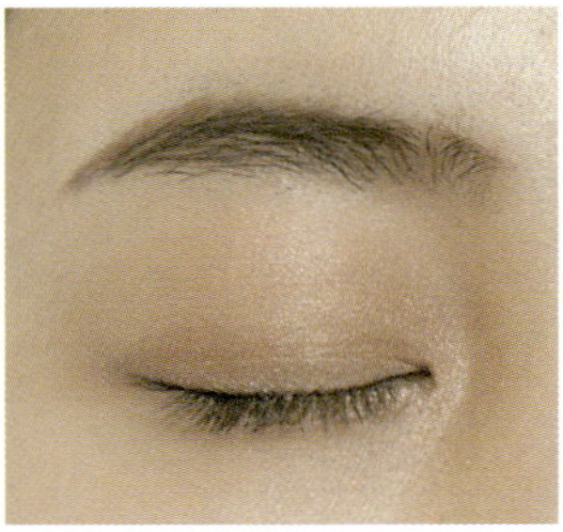

2. 베이스컬러(베이지)를 속눈썹부터 쌍겹부위까지 바른후 아이홀까지 자연스럽게 그라데이션 한다.

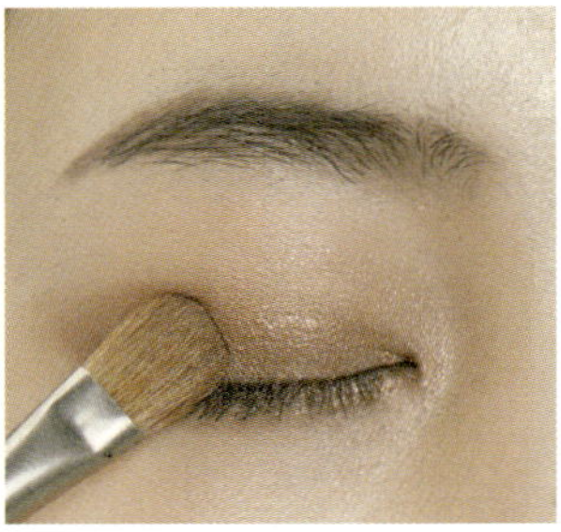

3. 포인트컬러(브라운)을 쌍겹부위에 바르고 베이스컬러와의 경계선을 그라데이션 한다.

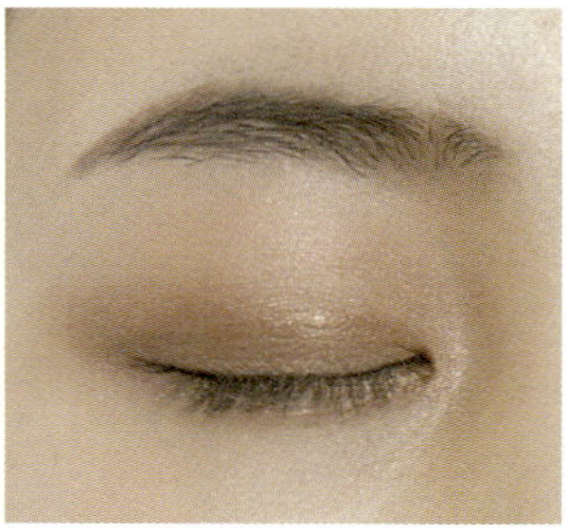

4. 일직선 포인트 아이섀도 완성

아이홀 포인트 아이섀도

1. 눈앞머리와 눈썹뼈에 화이트 아이섀도로 하이라이트를 준다.

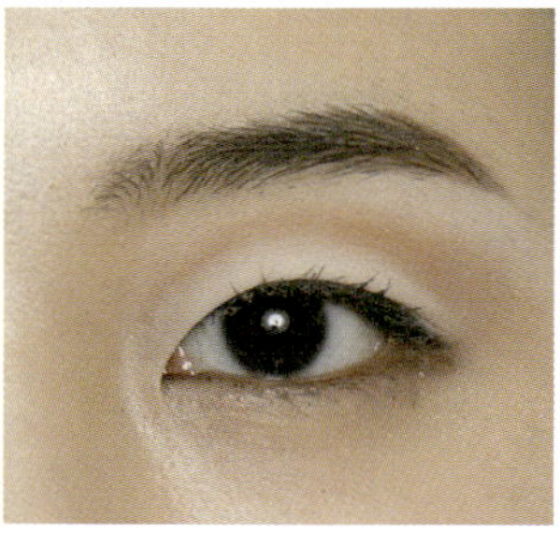

2. 아이홀 라인을 따라 베이지 색상을 작고 납작한 브러시에 묻혀 여러 번 연하게 바른다.

3. 브라운색으로 아이홀 눈꼬리 방향에서 중앙으로 입체감을 주며 그라데이션 한다.

6. 눈 형태에 따른 아이섀도 방법

작은눈

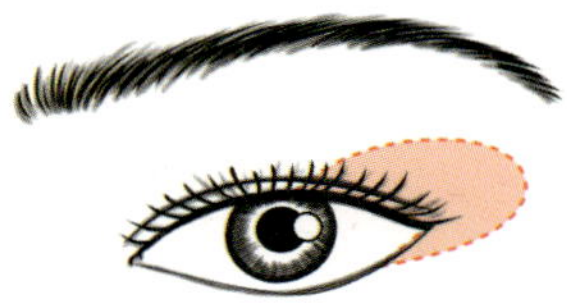

눈두덩이 전체에 밝은 컬러의 아이섀도를 펴 바른 후 포인트 컬러로 눈 길이가 길어보이도록 눈꼬리를 더 연장하여 발라준다. 언더 라인도 눈꼬리 쪽으로 연장하여 발라준다.

부은눈

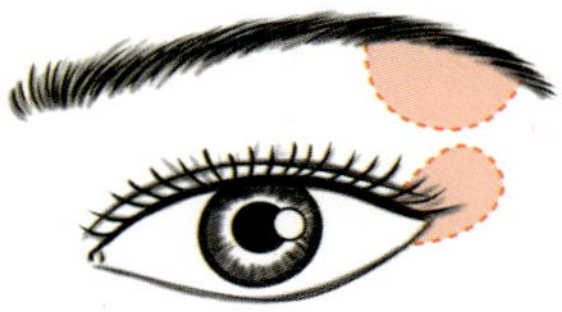

붉은 기나 펄 감이 없는 매트한 브라운, 그레이 컬러로 눈 중앙부분을 자연스럽게 펴 바른다. 눈썹 뼈 부위에 하이라이트를 주고 눈꼬리 부분에 포인트를 강조한다.

움푹 들어간 눈

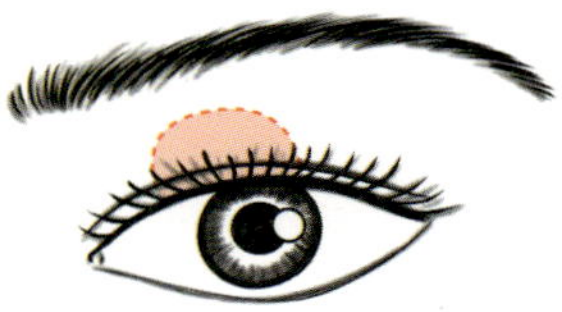

들어간 부분이 나와 보이도록 펄감이 있는 따뜻한 아이섀도나 밝은 색으로 눈두덩이 중앙에 잘 펴 바른다. 아이섀도는 깨끗하게 처리하는 것이 포인트이다.

눈과 눈 사이가 넓은 경우

눈 앞머리 부분에 포인트를 주면 눈 간격이 좁아진다. 눈썹뼈와 눈꺼풀에는 하이라이트를 준다.

눈과 눈 사이가 좁은 경우

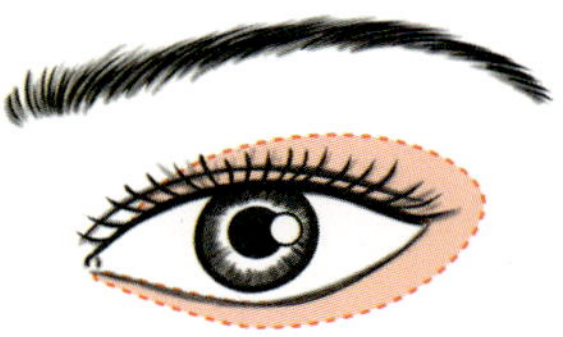

눈꼬리 부분에 포인트를 넣고 길게 빼주어 시선을 최대한 바깥쪽으로 분산시킨다. 눈 앞머리는 밝게 해준다.

눈꼬리가 내려간 경우

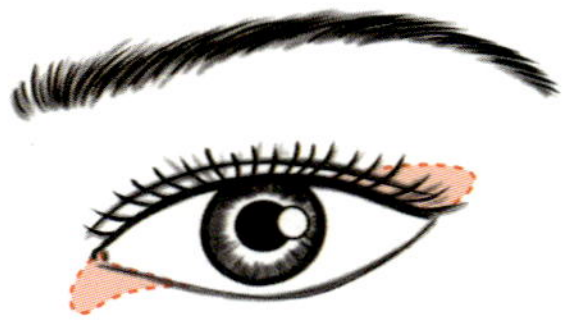

눈꼬리에 포인트를 강하게 주어 샤프하게 보이도록 하며 언더 아이섀도는 조금만 바른다.

눈꼬리가 올라간 경우

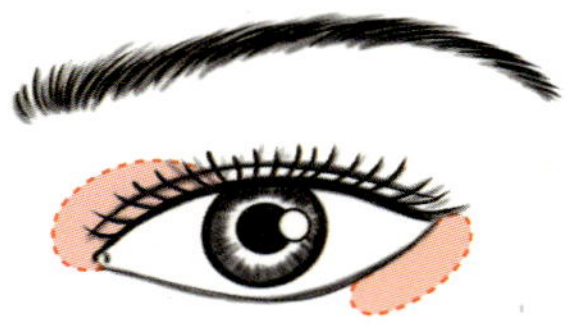

눈 앞머리에 포인트를 주고 자연스럽게 펴 달라 눈매를 강조하지 않으며 언더 라인 끝부분에 삼각형 모양으로 포인트를 준다.

눈이 큰 경우

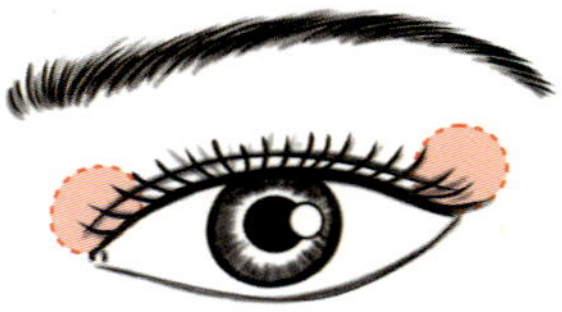

아이섀도를 진한 색보다는 자연스러운 색으로 표현한다. 쌍꺼풀 전체를 일직선 포인트를 주고 눈 앞머리와 눈꼬리를 약간 길고 진하게 눈매를 조절한다.

쌍꺼풀이 없는 눈

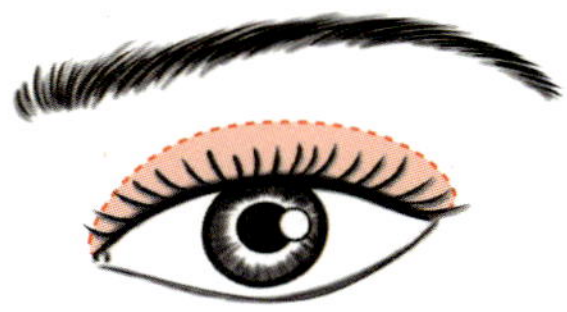

눈을 정면으로 바라보게 한 뒤 쌍꺼풀 두께만큼 포인트 색을 다소 두껍게 표현한다. 또는 쌍꺼풀 두께만큼 포인트를 선으로 그린 뒤 아이홀 쪽을 향하여 그라데이션 하고 라인 안쪽을 밝게 처리하는 열린 바나나의 패턴도 어울린다.

7. 눈 형태에 따른 아이섀도 실습

작은눈

1. 눈썹뼈에 화이트 아이섀도로 하이라이트를 준다.

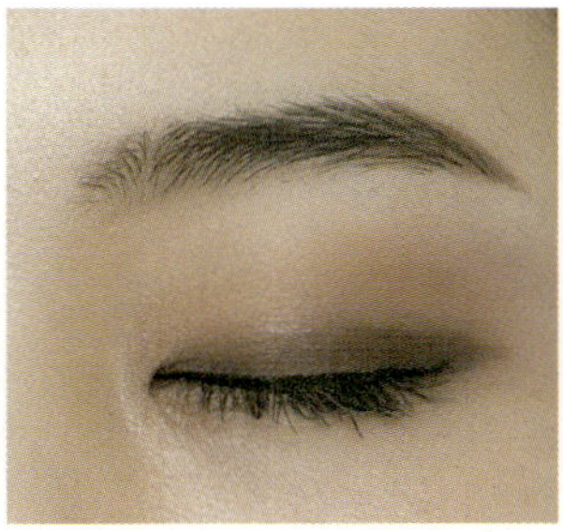

2. 눈두덩이에 밝은 컬러의 베이스 컬러를 바른 후 포인트컬러로 눈 길이가 길어보이도록 눈꼬리를 더 연장하여 발라준다.

3. 언더 라인도 눈꼬리 쪽으로 연장하여 눈매가 길어보이도록 한다.

쌍꺼풀이 없는 눈 아이섀도

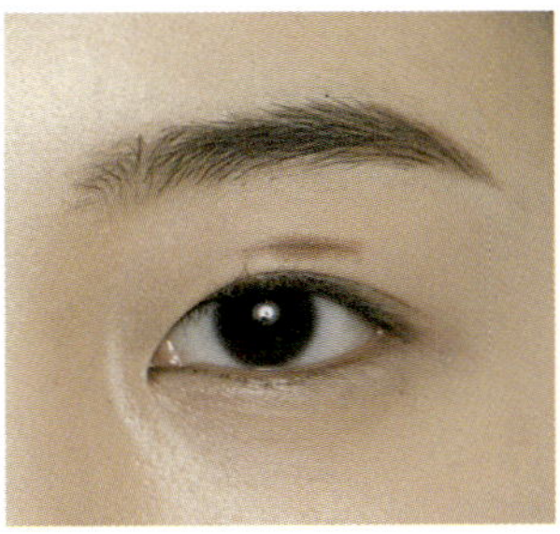

1. 정면을 바라본 상태에서 아이라인에서 약 3mm 정도 올라간 지점에 표시한다.

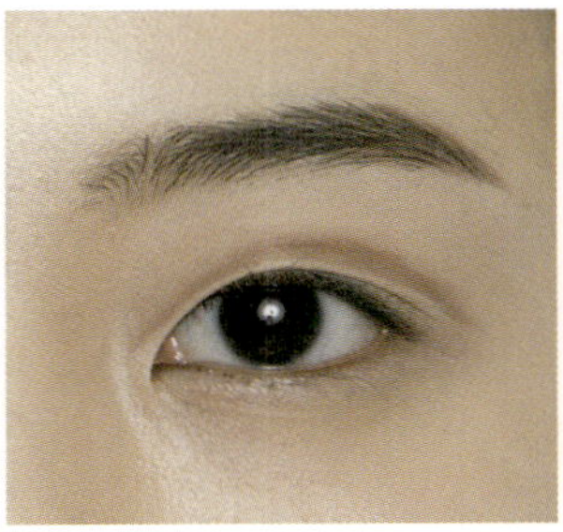

2. 눈을 뜬 상태에서 모가 짧은 사선 브러시로 눈의 둥근 모양을 따라 쌍꺼풀 라인을 그려준다.

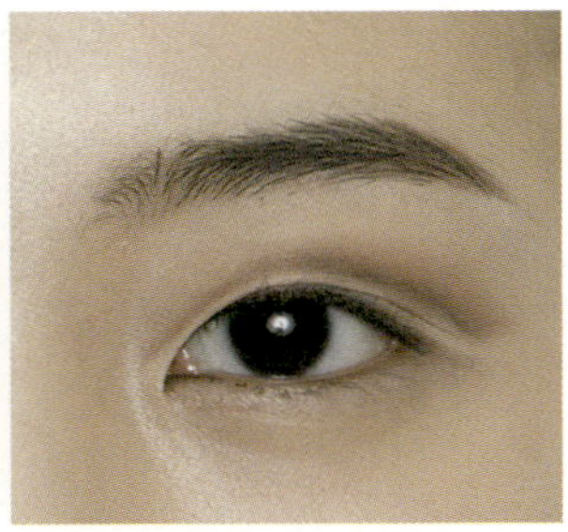

3. 쌍꺼풀 라인 아래로 내려오지 않도록 주의하며 위쪽으로 그라데이션 한다.

4. 눈꼬리와 언더 라인을 연결해서 자연스럽게 음영을 준다.

애교살 아이섀도

웃을 때 다크 서클 밑 부분에 볼록 튀어나오는 살을 바로 애교살 이라고 하는데 애교살의 효과는 웃을 때에 인상을 조금 더 부드럽게 해주며 실제 눈보다 더 커 보이고 귀여운 인상으로 어려보이는 효과가 있다.

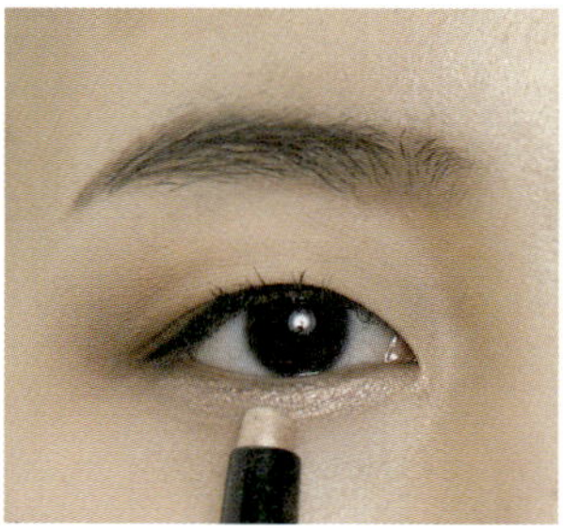

1. 웃었을 때 볼록 나오는 애교살 부분에 펄이 포함된 펜슬 타입으로 언더 라인 중앙이 가장 밝아보이도록 하이라이트를 준다.

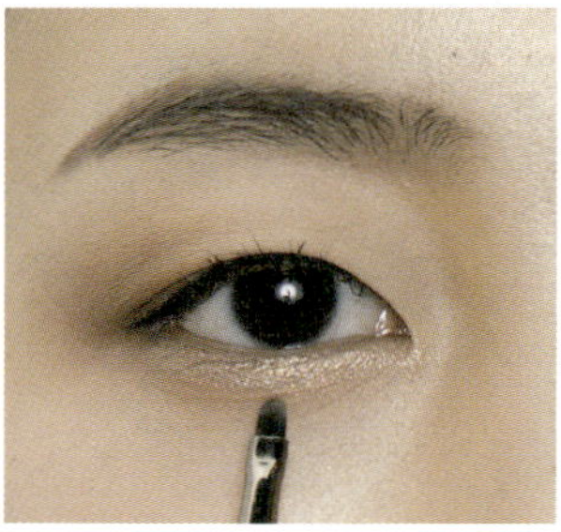

2. 언더 라인에서 5-7mm 아래쪽에 브라운 섀도로 자연스러운 그러데이션 라인으로 애교살 아래에 음영을 만들어준다.

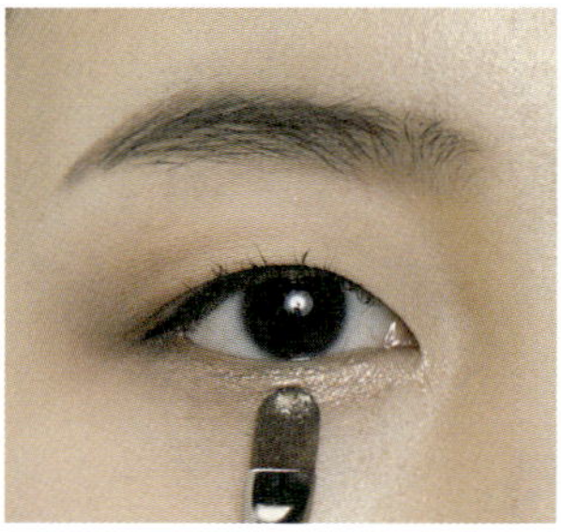

3. 밝은 베이지 펄 파우더 소량을 한 번 더 애교살 눈 앞머리에서 3분의 2지점까지 바른다. 화사함을 주고 더욱 자연스럽게 만들어 준다.

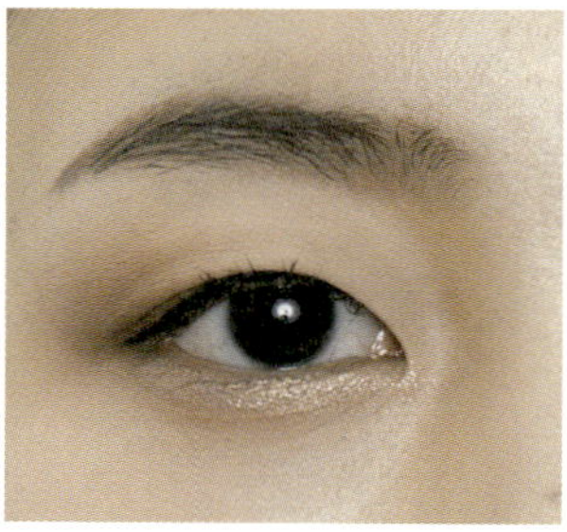

4. 애교살 아이섀도 완성

8. 아이라인(Eye Line)

아이라이너는 속눈썹을 따라 눈꺼풀에 가는 선을 그리고 눈의 윤곽을 또렷하게 하여 눈을 보다 매력적으로 연출하는데 사용한다. 그리는 방법은 눈을 감은 상태에서 펜슬로 눈썹 사이사이를 메워 준 다음 눈 앞머리에서부터 눈꼬리 방향으로 그려주고 3/4 지점부터 1-2mm 높여 자연스럽게 그려준다. 제품 형태에 따라 다음과 같이 구분할 수 있다.

1) 제품의 종류

펜슬 타입

자연스러운 아이라인을 표현할 때 가장 보편적으로 쓰인다. 부드러운 텍스처가 아이라인에 미끄러지듯 펴 발라져 초보자들도 쉽게 사용이 가능하다. 블랜딩이 가능하여 아이섀도부터 라이너까지 다양하게 사용 가능하다.

리퀴드 타입

또렷하고 선명한 눈매를 표현하기에는 적당하고 땀과 물에 강하다. 사용하기에는 간편하나 말랐을 때 반짝임이 느껴져 사진 메이크업 시 사용하기에 적합하지 않다.

케이크 타입

전문가용으로 많이 사용되고 또렷한 눈매를 연출하기에 적합하나 물이나 스킨에 개어 써야하는 번거로움이 있다. 고체형태로 오랫동안 사용할 수 있다.

젤 타입

케이크 타입의 단점을 보완한 제품으로 바르기 편하고 오일이 들어 있어 바르는 즉시 건조되나 번짐이 있고 장시간 방치해두면 제품이 말라버리는 경우가 있다.

2) 아이라인 실습

기본형 아이라인

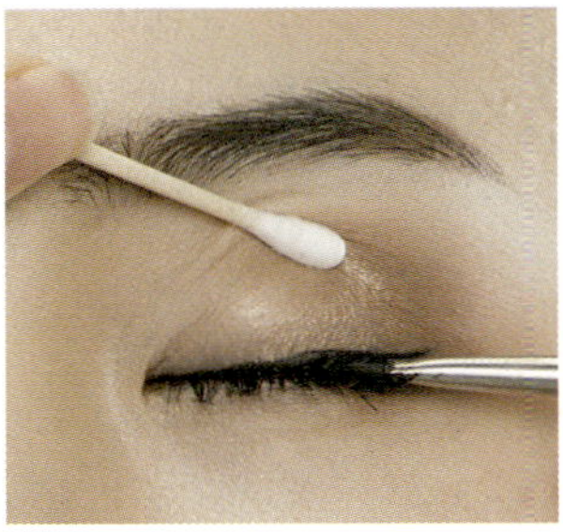

1. 면봉으로 살짝 눌러 드러나는 속눈썹 안쪽 점막과 속눈썹 사이 빈곳을 꼼꼼하게 채워준다.

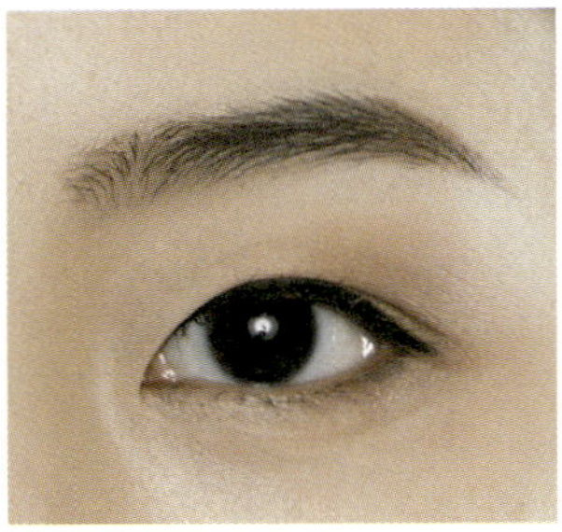

2. 속눈썹 라인을 따라 눈끝까지 그리고 관자놀이 방향으로 눈가를 팽팽하게 만든 후 연장선을 3-5mm정도 그려준다.

3. 언더라인은 펜슬타입으로 눈꼬리 1/3정도 음영을 준다.

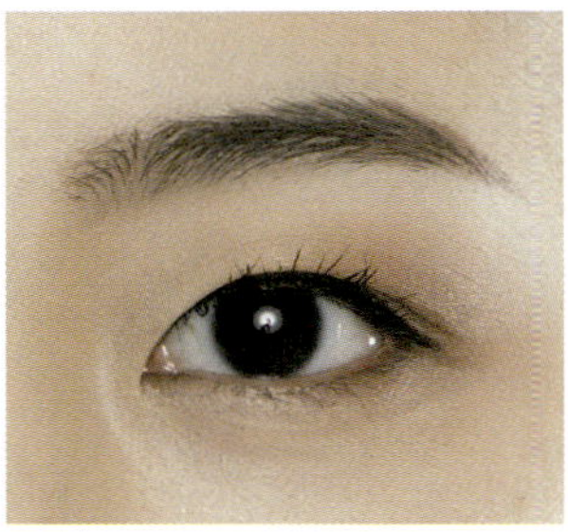

4. 기본형 아이라인 완성

TIP

· 점막에 가까이 속눈썹 사이사이를 꼼꼼하게 채워야 깔끔한 아이라인이 완성된다.

· 아이라이너를 그린 후 짙은 컬러의 아이섀도로 아이라인 그린 부위에 덧바르면 좀 더 자연스러운 아이라인을 표현할 수 있다.

캣 아이 아이라인

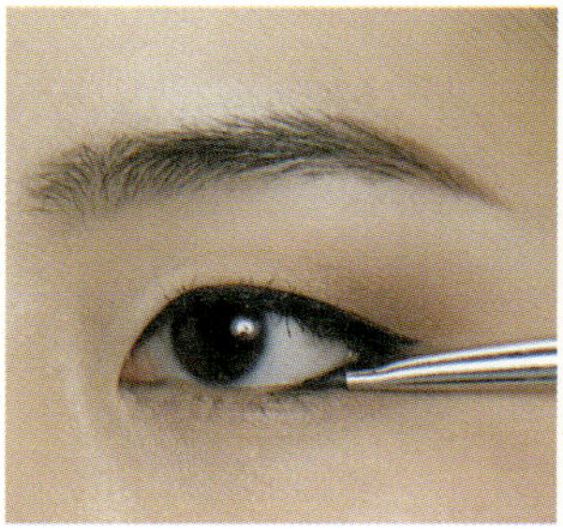

1. 언더 라인의 둥근 모양을 따라 기본 아이라인보다 눈꼬리 연장선을 5mm정도 더 길게 그려준다.

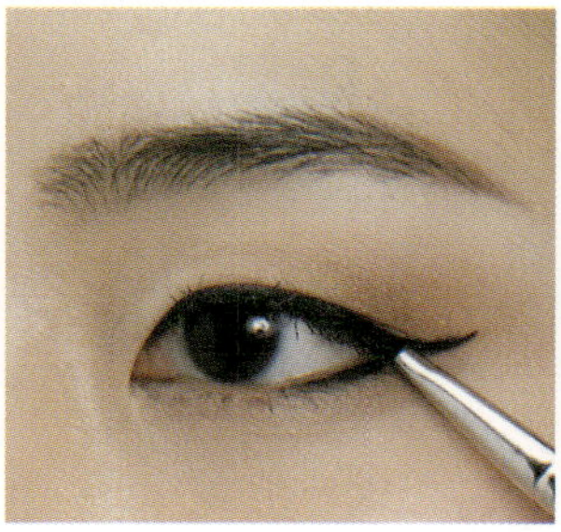

2. 연장한 언더 라인과 기존 아이라인의 중간 부분까지 자연스럽게 연결해준다.

3. 캣 아이 아이라인 완성

복고 아이라인

1. 캣아이 아이라인 끝 부분에서 언더 라인의 둥근 모양을 따라 5mm 더 길게 눈꼬리를 그려준다.

2. 연장한 눈꼬리 끝부분에서 브러시를 눈동자 방향으로 움직여서 기존라인과 자연스럽게 연결한다.

3. 복고 아이라인 완성

TIP

- 부드러운 펜슬타입 아이라이너로 먼저 라인을 그린 후 젤 또는 리퀴드 라이너로 얇게 덧발라 그리면 선명한 아이라인을 쉽게 그릴 수 있다.
- 두꺼운 아이라인을 그릴 때 몇 군데 점을 찍어 가이드 라인을 잡아 그리면 초보자도 자연스러운 라인을 그릴 수 있다.
- 쌍꺼풀이 없는 눈은 눈을 뜬 상태에서 라인 위치를 미리 찍어두고 눈을 감은 상태에서 체크한 부분까지 채워 라인을 그려준다.
- 부드러운 눈매에는 점막부위는 블랙 컬러, 속눈썹 라인 부분은 브라운 컬러를 사용한다.

3) 눈 형태에 따른 아이라이너 방법

작은눈

위 라인과 아래라인이 만나면 눈의 길이가 더 짧아 보이므로 만나지 않도록 수평으로 그려준다.

부은눈

눈 앞머리에서 꼬리로 갈수록 굵어지게 표현한다.

움푹 들어간 눈

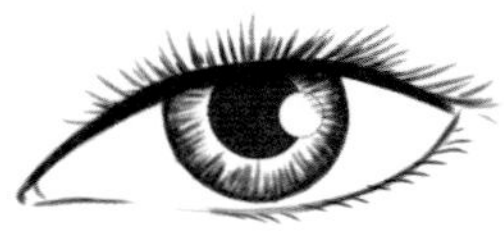

위 라인은 속눈썹을 따라 얇게 그리고 눈꼬리 부분을 조금 굵게 그려 시각 효과를 준다.

눈과 눈 사이가 넓은 경우

눈 앞머리를 감싸 앞트임 효과를 주고 눈꼬리는 15도 정도만 올려 또렷함을 준다.

눈과 눈 사이가 좁은 경우

눈꼬리 부분을 강조하여 그려준다.

눈꼬리가 내려간 경우

생기 있는 눈을 만들기 위해 눈꼬리 부분에서 약간 치켜 올려 너무 길지 않게 그린다.

눈꼬리가 올라간 경우

눈앞머리에서 시작해서 눈꼬리보다 조금 아래로 그려 눈앞머리와 수평을 맞추고 아래라인은 눈꼬리 부분을 넓고 짙게 그려준다.

눈이 큰 경우

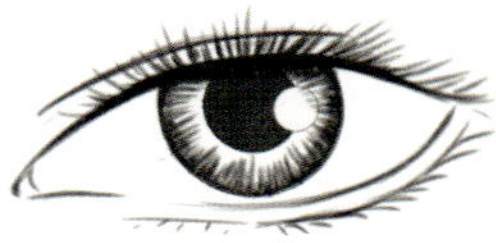

아이라인을 강조하지 않아도 되는 눈 형태로 펜슬 타입의 아이라이너로 눈 앞머리부터 눈꼬리가지 가늘고 자연스럽게 그려준다.

쌍꺼풀이 없는 눈

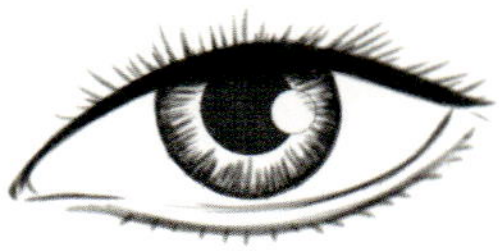

전체적으로 조금 굵게 그리고 위 라인 중앙 부분을 더 두껍게 그린다.

4) 눈 형태에 따른 아이라이너 실습

눈과 눈 사이가 넓은 경우(앞트임 아이라인)

1. 브라운 색상으로 눈 앞코너의 뾰족한 부분에서 수평으로 약 1mm 연장한다.

2. 시선을 살짝 아래로 내린 상태에서 기본 아이라인과 연장한 1mm를 이어준다.

3. 눈 앞머리 부분을 살짝 당겨 가려져 있는 눈 앞머리 코너 부분도 채워준다.

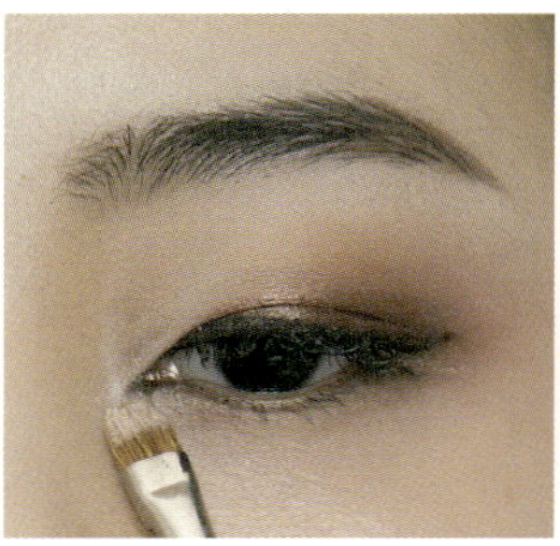

4. 펄 베이지 색상으로 눈 앞 코너를 감싸듯이 발라 연장해 그린 라인을 덮는다.

5. 앞트임 아이라인이 30% 정도로 보이게 자연스럽게 다듬어 준다.

6. 앞트임 아이라인 완성

눈꼬리가 올라간 눈

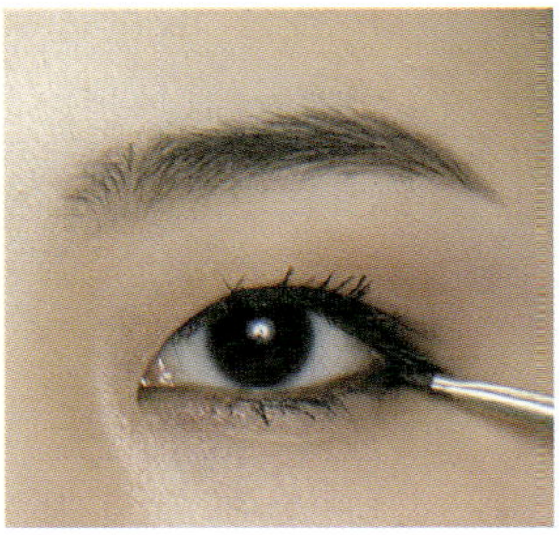

아이라인의 시작 지점보다 끝 지점을 더 내려 그린다.

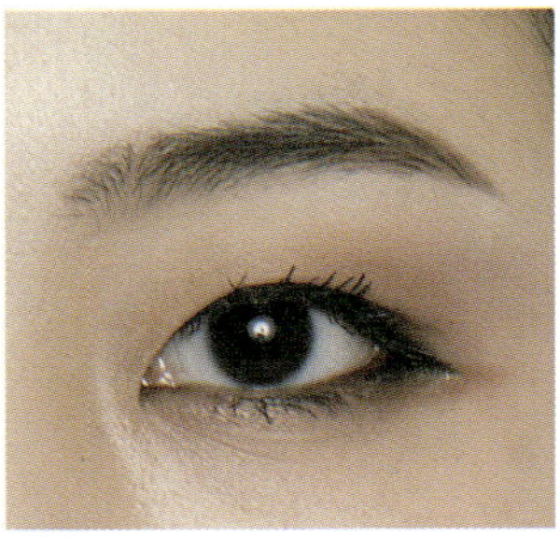

아이라인은 언더라인과 연결해서 눈꼬리가 내려가 보이게 수정한다.

눈꼬리가 처진 눈

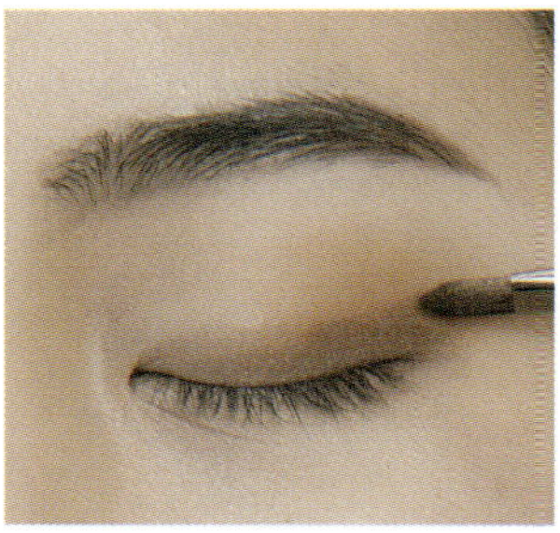

아이섀도 포인트를 눈꼬리에 강하게 주어 샤프하게 보이도록 하며 언더 아이섀도는 조금만 바른다.

눈꼬리에서 60도 사선 방향으로 아이라인을 5mm정도 빼서 눈꼬리가 올라가 보이게 수정한다.

작은 눈동자 동공 포인트 아이라인

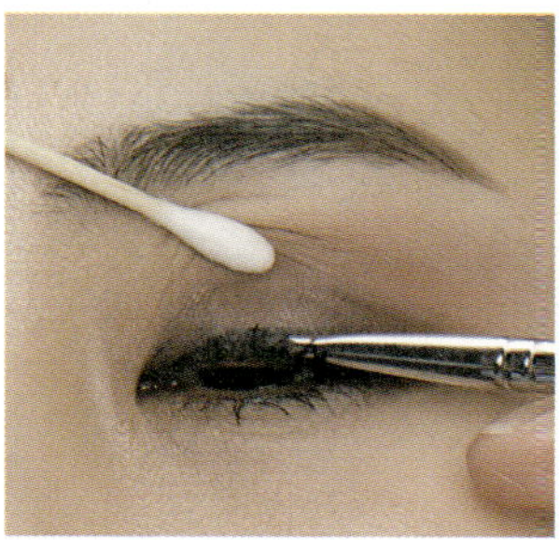

1. 동공 위쪽의 점막부분을 조금 더 두껍게 채워준다.

2. 언더 라인도 동공 아래쪽에 포인트를 준다.

3. 동공 포인트 아이라인 완성

9. 마스카라

마스카라는 속눈썹을 길고 풍성하게 표현하여 눈을 크게 보이게 하며 매력적인 아름다움을 주는데 사용한다. 민감한 눈 주위에 사용하기 때문에 독성, 자극성이 없는 안정성이 높은 원료의 선택이 필요하다. 최근에는 휘발성 유제형의 제품이 주류를 이루고 있다. 또 액상형 중에는 특수한 것으로 길이가 1-3mm 정도의 섬유를 배합하여 사용 후 속눈썹을 길어보이게 하는 것도 있다.

1) 마스카라 종류

볼륨(Volume) 마스카라

솔의 중간 부분이 통통하다. 속눈썹의 숱이 많고 진해보이게 하므로 속눈썹 숱이 적은 사람을 풍성하게 보이게 한다.

컬링(Curling) 마스카라

속눈썹의 뿌리부터 끝까지 한 올도 놓치지 않고 정교하게 속눈썹을 올려주는 효과가 탁월하여 속눈썹이 처진 사람에게 좋다. 부착력과 강도가 뛰어나서 오랜 시간 컬을 유지시켜준다.

롱 래시(Long lash)마스카라

솔이 나선형으로 생겼으며 섬유소가 들어있어 속눈썹을 길어보이게 해준다. 시간이 지나면 잘 엉겨 붙거나 섬유소가 떨어질 우려가 있다.

투명(Clear) 마스카라

젤 타입으로 눈썹의 영양제 역할을 한다. 번지지 않게 방수 처리되어 마스카라가 눈 밑에 잘 번지는 경우 사용한다. 인조 속눈썹을 사용하거나 자연스럽고 생동감 있는 눈썹으로 결을 정리할 때 쓰이기도 한다.

워터프루프(Water Proof) 마스카라

건조가 빠르며 물이나 땀에 강해서 해변이나 수영장에서도 메이크업의 효과가 그대로 유지된다. 지울 때는 눈 전용 클렌저를 사용하는 것이 좋다.

2) 마스카라 바르기 실습

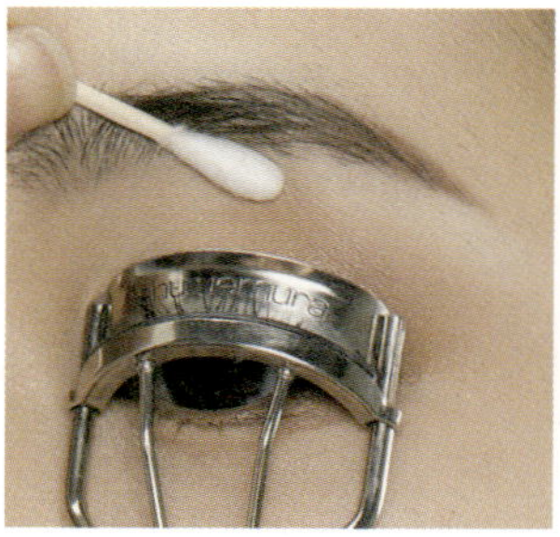

1. 면봉으로 눈꺼풀을 살짝 들어주고 시선은 아래로 향한다. 뷰러의 윗면을 최대한 속눈썹 라인에 맞춰 강하게 한번 집고 중간, 끝으로 갈수록 가볍게 집어준다.

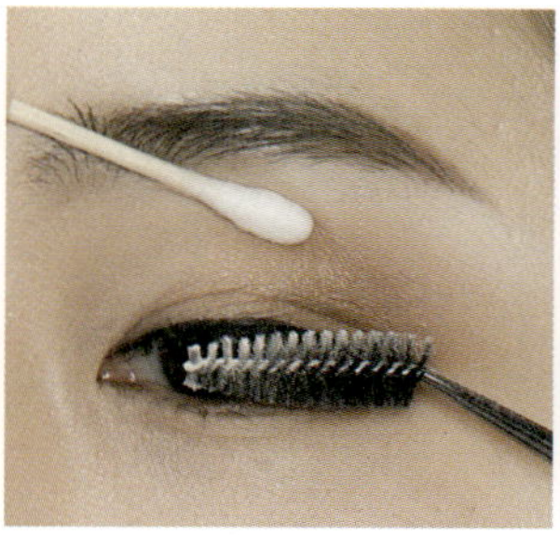

2. 마스카라 컬링 지속력을 높이기 위해 스크루 브러시에 투명파우더를 묻혀 마스카라 바르듯 속눈썹 뿌리에서 끝까지 가볍게 바른다.

3. 마스카라로 속눈썹 윗면을 가볍게 쓸어내리고 면봉으로 눈두덩이를 살짝 들어올려 속눈썹 뿌리를 꼼꼼히 지그재그로 올려 바른다.

4. 아래 속눈썹은 브러시를 세로로 세워 좌우로 가볍게 바른다.

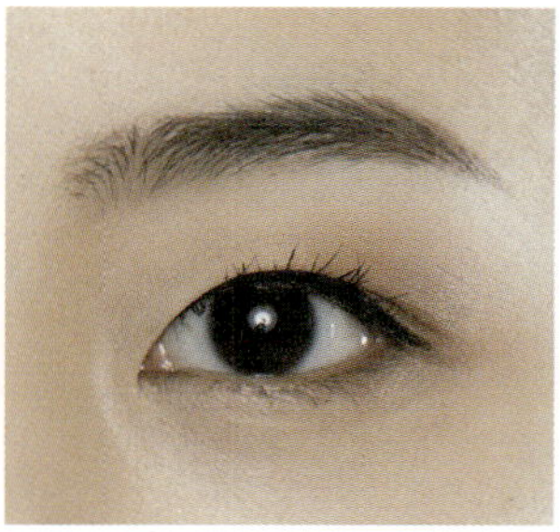

5. 마스카라 완성

Ⅲ. 립&치크(Lip&Cheek) 메이크업하기

ⅰ. 립 메이크업(Lip Make-up)하기

외부 자극으로부터 입술을 보호하고 입술 형태를 수정하고 입체감을 부여한다. 입술에 컬러를 부여하여 아름답고 화사하게 표현해준다.

※ 학습 목표

- 입술 형태에 따른 립 메이크업을 디자인 할 수 있다.
- 입술 형태, 상태에 따른 립 메이크업 제품을 선택할 수 있다.
- 입술 형태에 따른 립 메이크업을 수정 보완할 수 있다.

필요 재료	· 메이크업 키트 · 화장 솜, 면봉, 티슈 , 세정제, 소독제
필요 기기 (장비 · 공구)	· 거울이 포함된 작업대 · 의자(높이 조절이 가능한 메이크업 의자) · 빔 프로젝터
안전 · 유의사항	· 메이크업을 하기 전에 메이크업 아티스트는 손을 세정하고 작업 환경을 청결히 한다. · 위생을 고려하여 재료 및 도구의 청결 상태를 유지하고 제품의 유효 기간을 확인하여 피부에 트러블이나 이상 현상이 생기지 않도록 유의한다. · 입술은 건강과도 밀접한 관계가 있는 신체 기관이므로 위생에 유의하며, 특히 립스틱, 립글로스를 많은 사람과 공유하면 입술 건강에도 유해하므로 주의한다.

1. 종류

립스틱(Lip Stick)

손가락 모양의 입술연지를 말하며 가장 대중적인 형태로 색상과 질감이 다양하다. 크리미한 질감의 립스틱은 부드러운 발림성과 선명한 색감을 가지며, 매트한 립스틱은 지속력이 강하며 지적이고 차분한 이미지 연출에 적합하다.

립글로스(Lip Gloss)

립스틱보다 많은 오일을 함유하고 있어 입술을 윤기 있고 촉촉하게 표현해준다. 선명한 발색과 지속력은 약한 편이다. 도톰한 입술 표현을 할 때 립스틱을 바른 후 덧발라 하이라이트 효과를 줄 수 있다. 립글로스만 사용 시 번질 수 있으므로 립라이너로 입술라인을 잡아주는 것이 좋다.

립밤(Lip Balm)

입술이 건조하고 각질이 일어날 때 바르면 효과적이며, 수분과 영양을 공급하는 입술보호제로서 립글로스에 비해 입술보호 효과가 좋다. 최근 컬러 표현이 가능한 립밤도 출시되고 있다.

립틴트(Lip Tint)

립틴트는 색소가 입술을 덮는 것 보다는 스며들도록 해 입술색을 커버해주고 자연스러운 발색이 특징이다. 장시간 발색이 지속되며 잘 지워지지 않지만 건조함이 있어 립글로스나 립밤과 같이 사용하는 좋다. 최근 선명한 색감과 더불어 입술을 촉촉하게 해주는 보습 기능과 천연 성분이 들어간 제품들이 개발되고 있다.

립라이너(Lip Liner)

립라이너는 주로 펜슬 형태로 입술의 형태 수정을 위해 립스틱과 동일 계열의 컬러로 사용되며, 립스틱의 수분감과 윤기를 오래 지속시키고 선명하게 표현해준다. 특히 얇고 불분명한 입술에 사용 시 입술이 더욱 도톰해 보이도록 해 주며 립스틱이 입술 밖으로 번지는 것을 막아주는 역할을 한다.

2. 피부톤에 맞는 립 컬러

창백한 피부

혈색 있는 붉은 빛의 립컬러를 선택하는 것이 좋다. 따뜻한 느낌의 레드브라운이나 버건디 컬러가 창백한 피부를 생기 있게 보정해준다.

까만 피부

칙칙해 보이는 피부를 보완해줄 수 있는 레드 컬러로 너무 어두운 톤이나 밝은 컬러보다 중간 톤의 컬러를 선택하면 건강하고 섹시한 느낌을 줄 수 있다.

노란 피부

노란기 있는 피부는 어두운 컬러를 사용하면 더욱 칙칙해 보인다. 경쾌한 느낌의 오렌지레드 컬러를 사용하면 피부에 화사함을 더해준다.

홍조 있는 피부

울긋불긋 홍조 띤 피부에 붉은 계열의 립컬러는 붉은기를 더욱 부각시킬 수 있다. 붉은기를 보완하는 누드톤의 립 컬러를 선택하는 것이 좋다.

3. 립 메이크업 방법

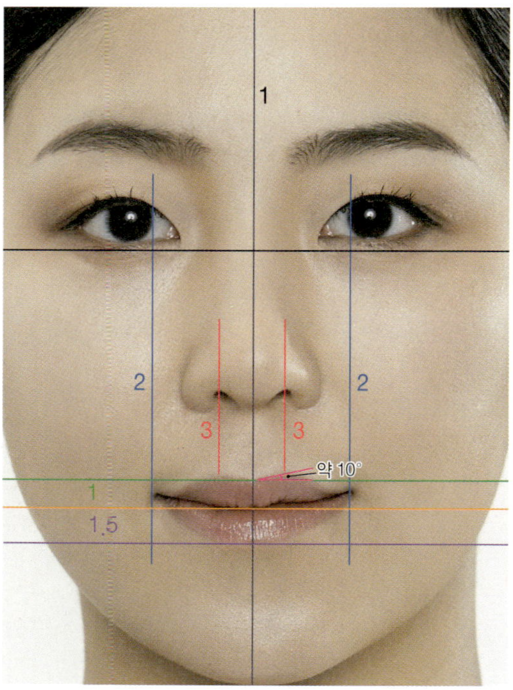

입술의 이상적인 비율

1. 코 중앙 가운데 수직으로 내린 선이 입술의 중심이 된다.
2. 모델이 정면을 바라보고 있을 때 눈동자 안쪽선의 연장선과 만나는 지점이 이상적인 입술 길이이다.
3. 입술산은 콧구멍의 중앙에서 내려온 선과 만나는 지점으로 잡는다. 입술산을 중앙에 가깝게 그려주면 구각이 튀어나와 보일 수 있다.
4. 이상적인 입술은 윗입술과 아랫입술의 비율이 1:1.5이고 입술산의 각도가 약 10도 정도이다.

립스틱 바르는 방법

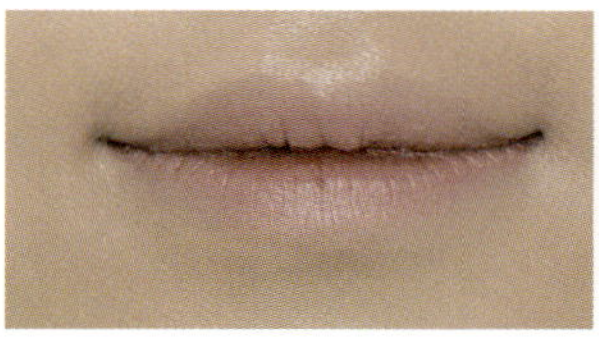

1. 베이스 메이크업에서 파운데이션과 파우더로 입술색과 입술선을 커버해 준다.

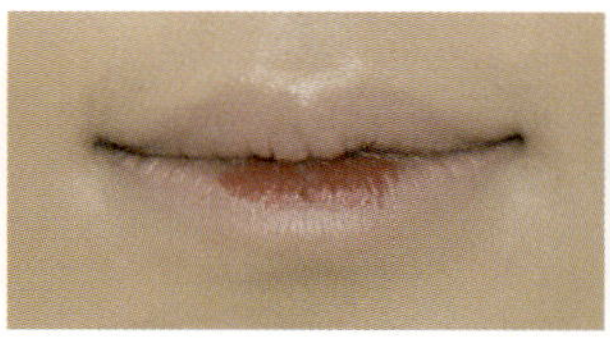

2. 아랫입술 안쪽에 컬러 테스트를 한다. 컬러가 맞지 않을 경우 재수정한다.

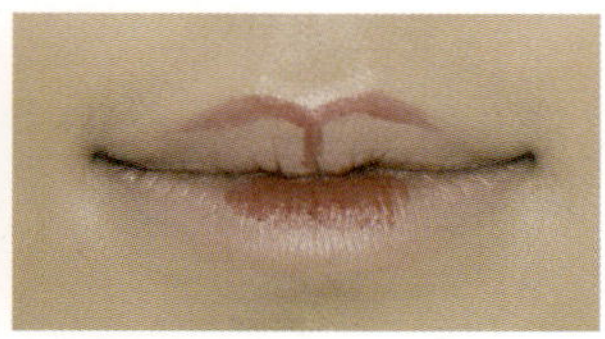

3. 코 중앙을 연결한 선에 중심을 잡고 콧망울 중앙에 입술산이 오도록 그린다

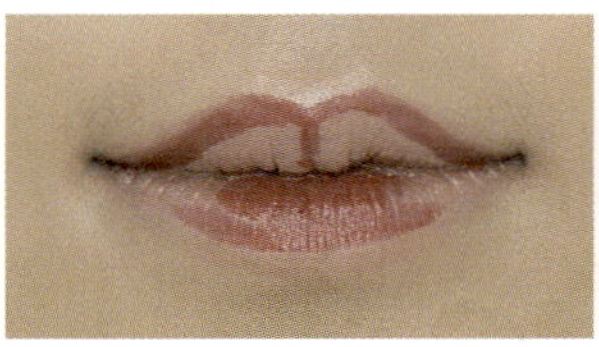

4. 양쪽 입꼬리에서 입술산 방향으로 그려주고, 입술산의 길이만큼 아랫입술 중앙에 라인을 그린다.

5. 입꼬리에서 아랫입술 중앙으로 그려주고 구각을 연결한다. 브러시로 립 라인의 경계를 부드럽게 펴 바른다.

6. 립컬러의 지속성과 발색을 위해 티슈로 유분기를 제거하고 다시 한번 얇고 균일하게 발라 완성한다.

틴트 바르는 방법

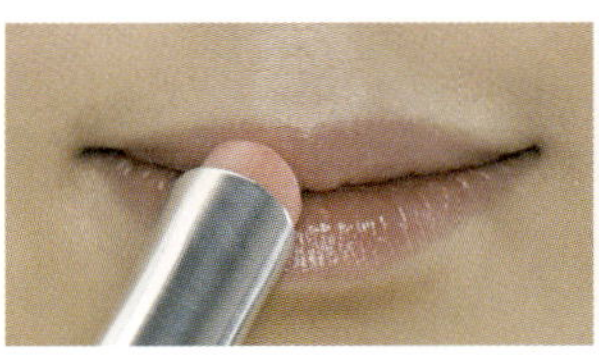

1. 틴트를 바르기전 립밤을 발라 입술을 촉촉하게 코팅한다.

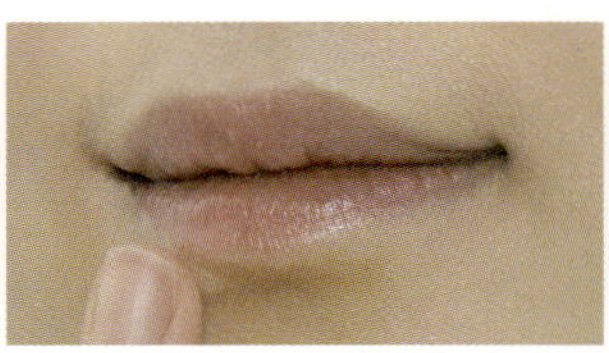

2. 컨실러를 입술 외곽에 발라 칙칙한 라인과 입술 톤을 균일하게 맞춰준다.

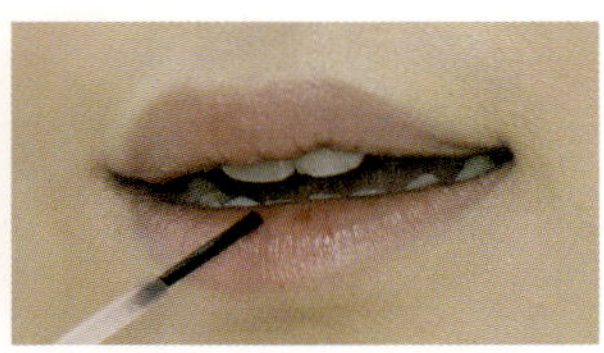

3. 틴트를 아랫입술 중앙 부위에 톡톡 찍어 준다.

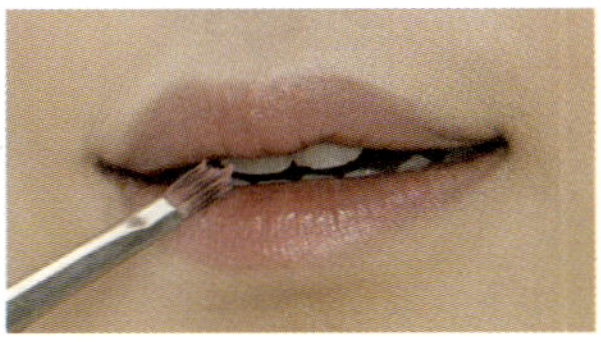

4. 틴트가 착색되기 전에 브러시로 중앙에서 바깥쪽으로 빠르게 그라데이션한다.

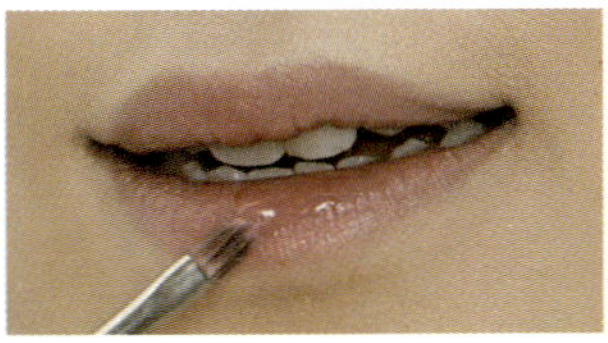

5. 틴트가 완전히 착색되면 투명한 립글로스를 입술 전체에 바른다.

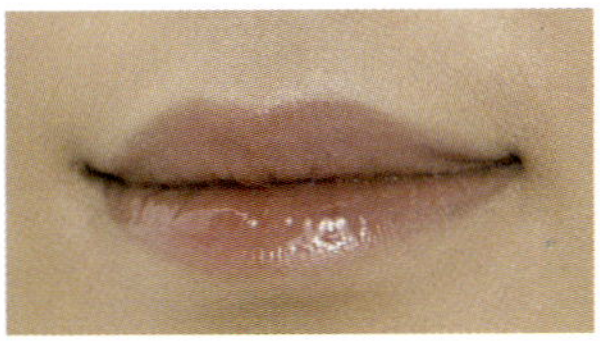

6. 틴트 립메이크업 완성

TIP

- 짙은 컬러의 립스틱을 바를 경우 라인을 깔끔하게 바르지 말고 면봉으로 입술라인을 살짝 쓸어주어 스머지 효과를 주는 것이 자연스럽다.
- 입술 안쪽만 진하게 물들이는 틴트 사용법은 입술을 더 작아보이게 하므로 작은 입술일 경우 사용을 자제하는 것이 좋다.
- 보습이 안 된 상태에서 틴트 사용은 착색될 위험이 있으니 오일 성분이 포함된 립밤을 미리 발라 입술에 보호막을 씌워 예방할 수 있다.

4. 입술 라인에 따른 이미지

스트레이트 커브

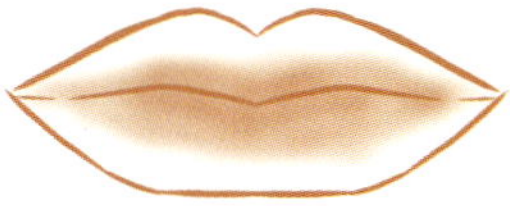

립라인을 직선적으로 표현하는 테크닉으로 딱딱해 보이며 이지적이고 활동적인 느낌을 준다.

인커브

여성스럽고 귀여운 이미지를 준다. 원래 입술라인보다 1-2mm정도 안쪽으로 그려준다.

아웃커브

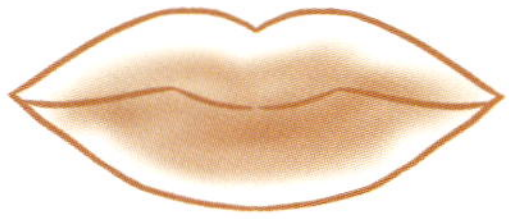

원래 입술라인보다 1-2mm 정도 바깥쪽으로 그리는 테크닉으로 관능적이고 성숙한 느낌을 준다.

5. 입술형태에 따른 메이크업 테크닉

두꺼운 입술

원래 입술라인보다 1-2mm 정도 작게 그리고 진한색의 립스틱을 바른다.

얇은 입술

입술선보다 1-2mm정도 바깥쪽으로 그려준 다음 베이지, 핑크계열의 밝은 컬러나 펄이 든 립스틱으로 바른다.

입꼬리가 처진 입술

구각을 1-2mm 정도 올려서 그려준다.

돌출된 입술

짙은 색의 라이너로 라인을 그린 후 브라운, 퍼플, 레드 계열 등 후퇴되어 보이는 컬러를 바른다.

윤곽이 희미한 입술

립라이너로 입술선을 또렷하게 표현하고 짙은 컬러의 립스틱을 바른다.

6. 입술형태에 따른 메이크업 테크닉 실습

두꺼운 입술 메이크업

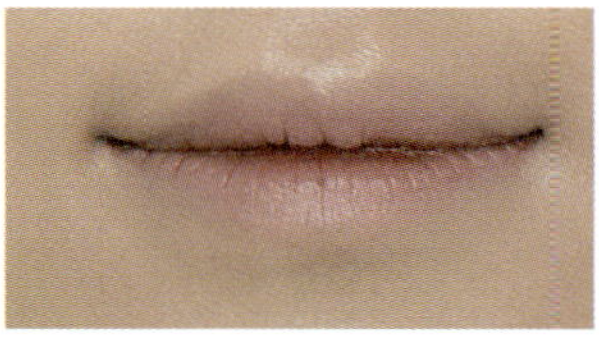

1. 베이스메이크업에서 파운데이션과 파우더로 입술을 균일한 톤으로 맞춘다.

2. 입술 바깥 라인을 컨실러로 깔끔하게 커버해 준다.

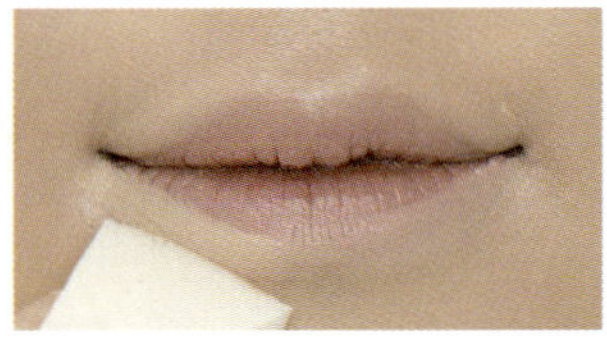

3. 컨실러는 한번에 커버하지 말고 얇게 여러 번 레이어드 해도 좋다.

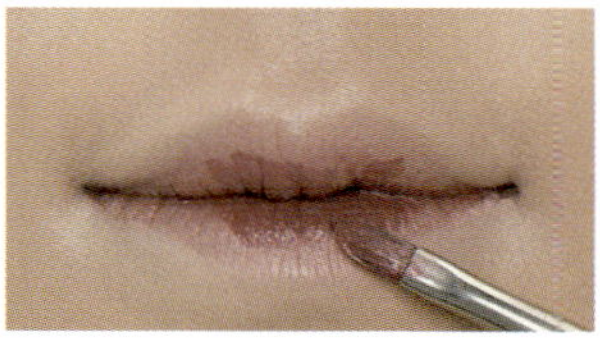

4. 입술 중앙에 차분한 톤의 립컬러로 포인트를 준다.

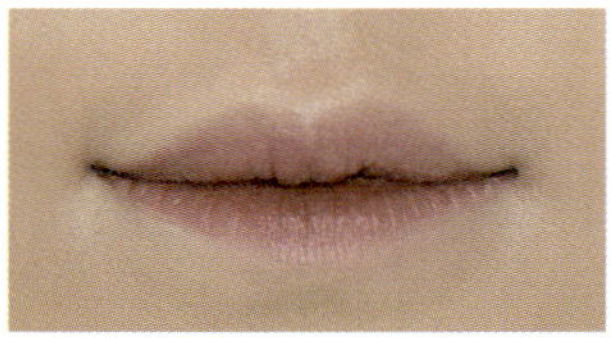

5. 입술 바깥쪽으로 자연스럽게 그라데이션하여 입술크기를 조절한다.

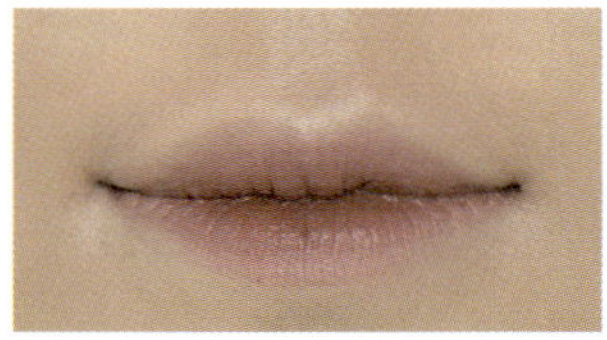

6. 두꺼운 입술 수정 메이크업 완성

얇은 입술 메이크업

1. 입술컬러와 비슷한 핑크 계열의 틴트를 립라인의 바깥쪽으로 1-2mm 정도 확장해 바른다.

2. 라텍스에 소량의 파운데이션을 묻혀 입술을 균일한 톤으로 맞춘다.

3. 확장된 입술라인에 맞춰 연핑크 컬러로 립라인을 그린다.

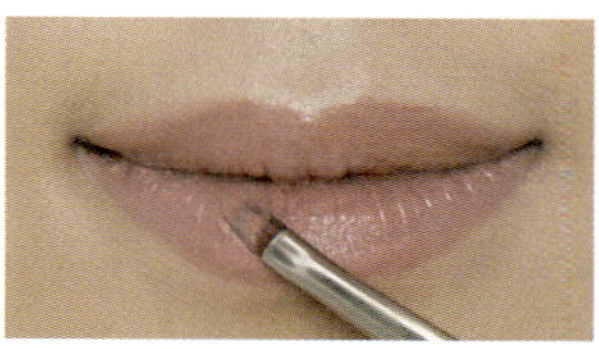

4. 연한 핑크계열 립스틱을 입술에 균일하게 바른다.

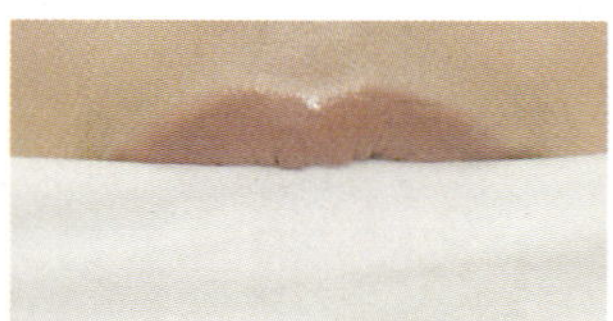

5. 립 컬러의 지속성을 높이기 위해 티슈로 유분기를 제거한다.

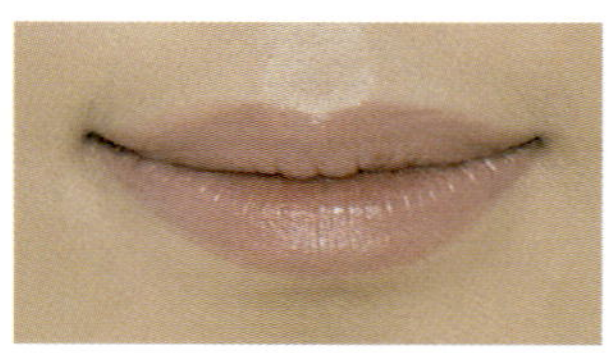

6. 연한 핑크 립스틱을 다시 한번 얇고 고르게 발라 완성한다.

ii. 치크 메이크업(Cheek Make-up)하기

건강하고 아름다운 얼굴색과 매력적인 분위기를 만들기 위하여 볼에 바르는 색조 화장품으로 얼굴에 혈색을 주어 화사함과 건강미를 표현하고 눈과 입술을 자연스럽게 조화시킨다. 평면적인 얼굴을 입체적이고 작아보이게 수정하여 얼굴형의 단점을 커버한다. 다양한 질감과 피부색, 의상색, 립스틱색 등에 맞춘 색상 선택으로 메이크업의 이미지를 자연스럽게 연출할 수 있다.

※ 학습 목표

- 얼굴 형태, 피부 톤, 메이크업디자인에 따른 치크 메이크업을 디자인 할 수 있다.
- 제품 유형별 표현 이미지를 구분하여 치크 메이크업을 실행 할 수 있다.
- 메이크업 이미지에 따른 립&치크 컬러를 연출 할 수 있다.

1. 치크 블러셔의 종류

케이크(Cake)타입

일반적으로 많이 사용되는 타입으로 파우더 사용 후 브러시를 이용하여 바르며 색상표현이 용이하고 사용하기 편리하다.

크림(Cream) 타입

파우더 전에 발라주어야 하며 부드럽게 블렌딩되어 섬세한 메이크업을 가능하다. 손가락이나 스펀지로 그라데이션을 해주면 은은한 느낌이 오래 지속된다.

리퀴드 타입(Liquid)

틴트(Tint)타입으로 손가락이나 스펀지를 이용해 두드리듯이 빠르게 펴 발라 준다. 블렌딩이 쉬워 립 뿐 아니라 블러셔로도 사용 가능한 멀티 유즈 아이템이다.

2. 피부색에 맞는 블러셔

하얀피부

너무 강한 발색의 블러셔를 제외하고 어떤 블러셔도 잘 어울린다. 핑크, 피치, 오렌지 등 자연스러운 컬러로 그라데이션 하는 것이 좋다.

노란피부

피치톤의 블러셔가 어울린다. 핑크색은 피부색과 어울리지 않아 동동 떠 보일 수 있다.

붉은 피부

붉지 않은 쿨톤의 라벤더 컬러 블러셔나 화이트 색상이 많이 포함된 핑크 블러셔를 선택하면 붉은 피부의 홍조도 커버할 수 있다.

검은 피부

피치나 오렌지계열을 선택하는 것이 좋다. 약간 붉은 기가 있는 쉐딩 제품을 블러셔로 사용하면 얼굴 윤곽 수정도 겸할 수 있다.

3. 블러셔 위치에 따른 이미지

슬림(Slim)

볼 중앙에 수직으로 가는 선을 넣어 넓은 볼을 날씬하게 보이게 한다.

리프트(Lift)

광대뼈를 감싸듯이 사선으로 자연스러운 음영을 넣으면 피부가 리프트되어 보이며 여성스럽고 활동적인 이미지를 준다.

소프트(Soft)

볼 중앙에 둥글고 넓게 칠해 건강하고 귀여운 이미지를 연출한다.

샤프(Sharp)

볼 아래 부분을 사선으로 강조하면 얼굴의 선이 살아나고 화려한 이미지를 준다.

와이드(Wide)

볼을 수평으로 강조하면 긴 얼굴을 짧아 보이게 한다.

블러셔 위치에 따른 이미지 활용

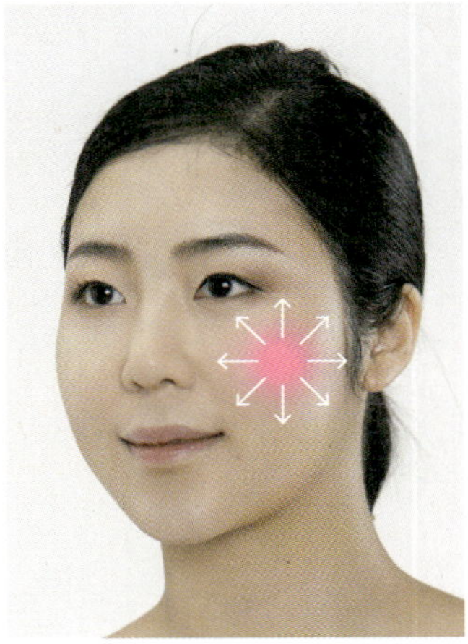

귀여운 이미지

볼 중앙에 동그랗게 펴 발라 준다. 컬러는 핑크나 피치를 사용해서 건강하고 귀여운 이미지를 연출한다.

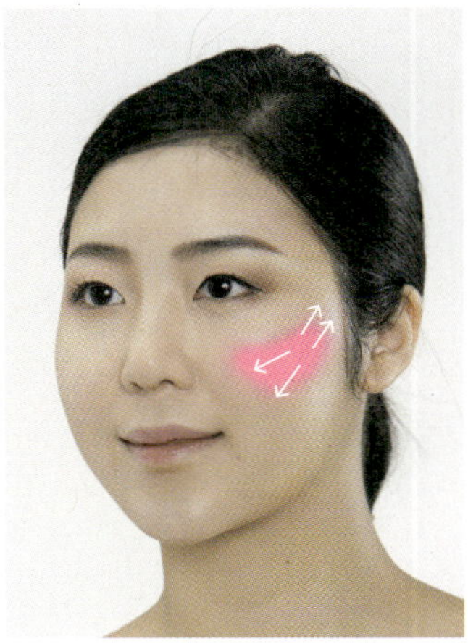

여성스러운 이미지

볼 중앙 밑 부분부터 헤어라인에 걸쳐 사선방향으로 볼뼈를 감싸듯이 펴 발라준다. 여성스럽고 자연스러운 혈색을 표현하는데 효과적이다. 컬러는 로즈골드나 피치를 사용한다.

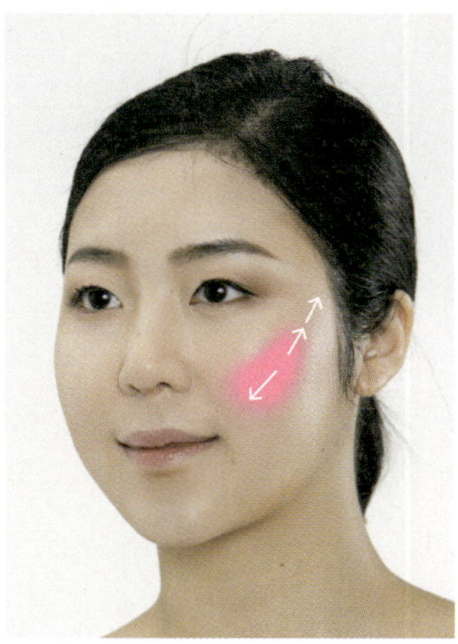

활동적인 이미지

광대뼈 아랫부분에 직선적으로 음영을 넣어 광대뼈가 길어보이게 발라준다. 태닝메이크업이나 액티브한 이미지를 표현할 때 많이 사용되며 컬러는 피치나 딥브론즈, 오렌지색을 사용한다.

4. 치크 메이크업 실습

케익타입 블러셔 바르기

1. 블러셔를 브러시에 묻혀 분첩에서 양을 조절한 후, 웃어서 볼록 올라오는 애플존에 바른다.

2. 손에 힘을 빼고 브러시의 각도는 세우지 말고 눕혀서 바르는 것이 더 자연스럽게 표현할 수 있다.

크림타입 블러셔 바르기

1. 손가락에 블러셔를 묻혀 웃었을 때 볼록 올라오는 애플존에 살짝 두드리듯이 펴 바른다.

2. 라텍스 스펀지를 이용하면 고르지 못한 부분을 좀 더 섬세하게 다듬어 바를 수 있다.

틴트타입 블러셔 바르기

1. 틴트 타입의 블러셔를 볼애플존 위치에 톡톡 찍어 바른다.

2. 틴트가 착색되기 전에 재빨리 펴 바른다. 얼룩이 생기면 오일로 지우고 다시 파운데이션으로 보정한다.

TIP

- 크림타입의 블러셔를 바를 때는 파운데이션이 두껍지 않고 촉촉한 상태여야 자연스럽게 펴 바를 수 있다. 블러셔를 바르고 파우더로 마무리하거나 건성피부이면 생략해도 좋다.
- 케이크 타입 블러셔는 손등이나 분첩에서 양을 조절하고 한 번에 색을 내기보다 여러 번 덧 바르는 것이 실패하지 않는다.
- 틴트는 피부에 스며들어 빠르게 착색되기 때문에 바르는 속도가 느리면 얼룩이 생길 수 있다. 베이스메이크업 전에 먼저 바르면 피부에서 옅은 홍조가 올라온 듯 자연스럽게 표현할 수 있다.

평가 준거

학습 내용	학습 목표	성취수준		
		상	중	하
아이브로우 메이크업하기	눈썹형태, 얼굴형, 디자인 등에 따른 아이브로우 이미지를 구분할 수 있다.			
	얼굴형태, 메이크업 디자인을 위한 눈썹을 정리할 수 있다.			
	아이브로우 이미지 표현을 위해 색상, 형태 등을 수정 · 보완할 수 있다.			
	메이크업디자인, 스타일 등에 따른 아이브로우를 표현할 수 있다.			
아이 메이크업 하기	재료의 특성에 따른 질감, 발색, 밀착성, 발림성 등을 구분 · 선택할 수 있다.			
	눈의 형태, 결점보완을 위한 아이섀도우를 사용할 수 있다.			
	메이크업 디자인에 적합한 눈매를 표현할 수 있다.			
	눈의 형태, 눈동자, 모발 및 눈썹 등을 고려하여 아이라인을 표현할 수 있다.			
	속눈썹 상태, 메이크업 디자인에 적합한 마스카라 제품을 사용할 수 있다.			
립&치크 메이크업하기	입술 형태에 따른 립 메이크업을 디자인 할 수 있다.			
	입술 형태, 상태에 따른 립 메이크업 제품을 선택할 수 있다.			
	입술 형태에 따른 립 메이크업을 수정 보완할 수 있다.			
	얼굴 형태, 피부 톤, 메이크업디자인에 따른 치크 메이크업을 디자인 할 수 있다.			
	제품 유형별 표현 이미지를 구분하여 치크 메이크업을 실행할 수 있다.			
	메이크업 이미지에 따른 립&치크 컬러를 연출 할 수 있다.			

NCS기반 기본메이크업

Basic Make-up

Chapter 5

속눈썹 연출

Chapter 5

속눈썹 연출

눈매를 깊이 있게 만들고 풍성해 보이는 효과가 있다. 인조 속눈썹은 영화나 연극 등 분장, 방송 계열 등에 주로 사용되었으나 현재는 일반인들도 여러 분위기를 연출 할 때 사용할 정도로 대중화 되어 있다. 인도 속눈썹은 실제보다 크고 숱이 많아 부자연스러울 수 있으나 때와 장소 분위기에 따라 적절한 모양의 속눈썹을 선택하여 자연스러운 분위기를 연출 할 수 있다.

NCS 분류번호	1201010318_16v3
능력단위 명칭	속눈썹 연출
능력단위 정의	속눈썹 연출은 눈의 형태 등을 고려하여 인조 속눈썹을 디자인하고 제작하여 연출 할 수 있는 능력이다.
능력단위 요소	1201010318_16v3.1 인조 속눈썹 디자인하기 1201010318_16v3.2 인조 속눈썹 작업하기

※ 학습 목표

- 고객의 속눈썹의 상태, 눈의 형태 등을 구분할 수 있다.
- 눈의 형태에 따라 인조속눈썹을 디자인하여 제작할 수 있다.

Ⅰ. 인조 속눈썹 디자인하기

ⅰ. 제품의 종류

가공된 인조 속눈썹을 붙이는 아이 메이크업 테크닉으로서 메이크업 디자인과 목적에 맞춰 필요시 추가적으로 행한다. 인조 속눈썹의 길이와 굵기, 색상, 형태에 따라 속눈썹이 더 길고 풍성해질 뿐만 아니라 눈매가 더 또렷하고 커 보이는 효과가 있어 아이 메이크업 이미지 연출에 큰 영향을 미친다.

1. 하나로 연결된 속눈썹(strip lashe)

눈 모양으로 휘어진 띠에 인조 속눈썹이 붙어 있는 형태로 눈 길이에 맞게 띠를 잘라 사용할 수 있다. 전체적으로 모양이 만들어져 있어 사용하기 편리하다. 속눈썹의 길이와 모양, 색상 등이 다양하여 메이크업 디자인과 이미지에 맞춰 선택한다. 메이크업 시술 시에 일반적으로 행하는 아이 메이크업을 지울 때 같이 떼어내는 일회용 인조 속눈썹이다.

2. 심는 속눈썹(individual lashe)

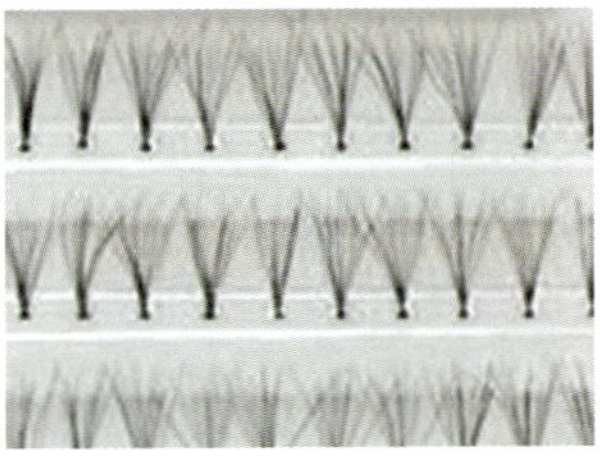

인조 속눈썹 한 가닥 또는 2~3가닥이 한 올을 이루는 형태로 가닥 가닥을 핀셋으로 붙여주며 자연스러운 눈매를 연출한다. 본래의 속눈썹 사이사이에 붙이며. 필요한 만큼 양을 조절할 수 있어 자연스러운 이미지 표현에 좋다. 스트립 래시를 가닥가닥 잘라 사용하기도 한다. 일회용 인조 속눈썹 시술용이다.

3. 연장용 속눈썹(extension lashe)

기존 속눈썹 위에 인조 속눈썹을 한 올 한 올 연장해 붙여 기존의 짧은 속눈썹을 보다 길어 보이도록 하는 인조 속눈썹이며, 취급 방법에 따라 2~4주 정도 지속 가능하다. 메이크업 이미지나 목적에 따라 쉽게 변화를 줄 수 없으므로 모델의 눈 모양과 이미지를 고려해 길이와 연장 숫자를 잘 선택해야 한다. 인조 속눈썹은 보통 10-15개 정도 심는 것이 적당하다.

※ 학습 목표

- 인조 속눈썹 부착을 위한 제품, 도구를 사용할 수 있다.
- 속눈썹과의 자연스러운 조화를 위해 수정할 수 있다.
- 제품 · 도구 등을 활용하여 인조속눈썹을 제거할 수 있다.
- 작업에 사용한 제품 · 도구 등을 위생적으로 관리할 수 있다.

필요 재료	· 메이크업 키트 · 다양한 형태별 인조 속눈썹, 속눈썹 전용 풀, 눈썹 가위, 핀셋, 면봉 등
필요 기기 (장비 · 공구)	· 거울이 포함된 작업대 · 의자(높이 조절이 가능한 메이크업 의자)
안전 · 유의사항	· 제품의 위생을 고려하여 보관할 때 깨끗한 상태를 유지하고 작업 전 반드시 도구와 기구를소독하며, 유효 기간이 있는 제품은 사전에 확인한다. · 어색하게 속눈썹을 강조하면 인위적인 느낌이 들어 부자연스러우므로 고객의 눈 모양에 맞는속눈썹 모양과 사이즈 선택에 신경을 써야 한다. · 아이 메이크업 트렌드 정보를 얻기 위해 신제품 정보와 테크닉 기법을 다루는 미디어, 잡지 등을 참조하고 계속 탐구하는 자세를 갖는다.

Ⅱ. 인조 속눈썹 작업하기

ⅰ. 통자 속눈썹 붙이기

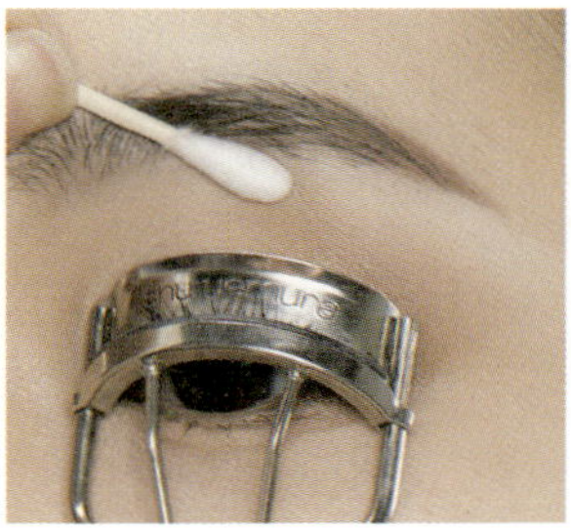

1. 아이래시컬러를 사용하여 속눈썹을 확실하게 올려주어 진짜 속눈썹과 분리되지 않도록 해준다.

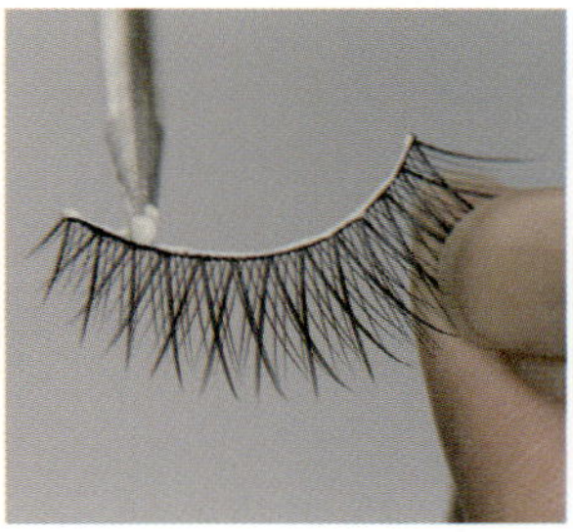

2. 인조속눈썹을 눈길이 보다 약간 짧게 조절하고 인조속눈썹 전용풀로 정교하게 골고루 바른다.

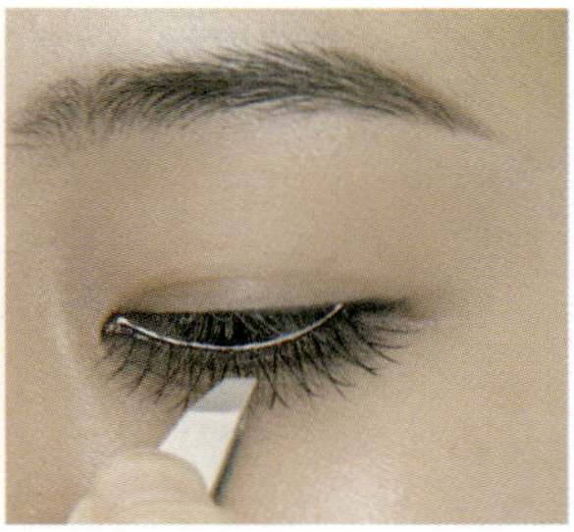

3. 3-4초 지난 후 눈앞머리에서 2-3mm 떨어진 곳부터 앞머리, 중앙, 꼬리를 누르듯이 붙여준다.

4. 속눈썹에 최대한 바짝 붙여주고 눈꼬리부분은 아이라인 두께 중간 정도에 붙이는 것이 눈이 쳐져 보이지 않는다.

5. 속눈썹풀이 마르기 전에 핀셋으로 눈썹 각도를 조절하면서 원래 속눈썹과 좀 더 가까이 밀착시킨다.

6. 마스카라를 발라 인조속눈썹과 속눈썹이 연결되도록 해준다.

ii . 부분 속눈썹 붙이기

1. 통자로 된 인조속눈썹을 눈썹 가위를 이용해 원하는 간격으로 자른다.

2. 부분 속눈썹에 전용풀을 바르고 속눈썹 사이사이에 2mm 간격으로 붙인다.

3. 자신의 속눈썹과 섞여 자연스럽게 보이도록 마스카라를 발라 마무리한다.

iii . 언더속눈썹 붙이기

1. 잘라놓은 부분 인조속눈썹을 언더 라인의 눈꼬리부터 3-4조각 정도 붙여준다.

2. 인조 속눈썹을 언더라인 뒤쪽 위주로 붙이면 눈이 훨씬 커 보인다.

3. 속눈썹 사이 사이에 섞여 보이도록 붙여야 자연스럽게 보인다.

TIP

- 속눈썹을 붙일 때 앞머리에 바짝 붙이면 눈꺼풀이 닿아 아프거나 이물감이 느껴진다. 눈앞머리에서 2-3mm 떨어진 지점부터 붙여주는 것이 좋다.
- 속눈썹 붙이는 라인에 물기가 있으면 잘 붙지 않는다. 물기가 마른 후 붙인다.
- 눈이 동그랗고 눈동자가 커보이게 하려면 아이라인의 중앙에 부분 속눈썹을 붙여 포인트를 준다.
- 속눈썹을 낱개로 붙일 경우 자신의 속눈썹 사이사이에 인조 속눈썹을 붙여 자연스럽게 섞이도록 한다.

평가 준거

학습 내용	학습 목표	성취수준		
		상	중	하
인조 속눈썹 디자인하기	고객의 속눈썹의 상태, 눈의 형태 등을 구분할 수 있다.			
	눈의 형태에 따라 인조속눈썹을 디자인하여 제작할 수 있다.			
	인조 속눈썹 부착을 위한 제품, 도구를 사용할 수 있다.			
인조 속눈썹 작업하기	속눈썹과의 자연스러운 조화를 위해 수정할 수 있다.			
	제품 · 도구 등을 활용하여 인조속눈썹을 제거할 수 있다.			
	작업에 사용한 제품 · 도구 등을 위생적으로 관리할 수 있다.			

NCS기반 기본메이크업

Basic Make-up

Chapter 6

기본 테마 메이크업

Chapter 6

기본 테마 메이크업 (Basic Theme Make-up)

Ⅰ. 내추럴 메이크업 (Natural Make-up)

가장 기본적인 화장법으로 인위적인 메이크업보다 자연스러운 모습 그대로 연출하는 메이크업이다. 기초화장은 반드시 필요한 중요한 과정으로 메이크업하기 전에 피부손질도 함께 한다. 얼굴형이나 피부의 질감을 살리면서 피부의 아름다움과 자연스럽고 입체감이 있는 눈매, 혈색이 좋은 입술 등의 건강한 이미지를 연출하도록 한다.

Theme ______________________

BASE

Make-up base ______________________

Foundation ______________________

Concealer ______________________

Powder ______________________

Cheek ______________________

EYE

Eyebrow ______________________

Eye shadow ______________________

Eye Liner ______________________

____

Lip ______________________

내추럴 메이크업 실습

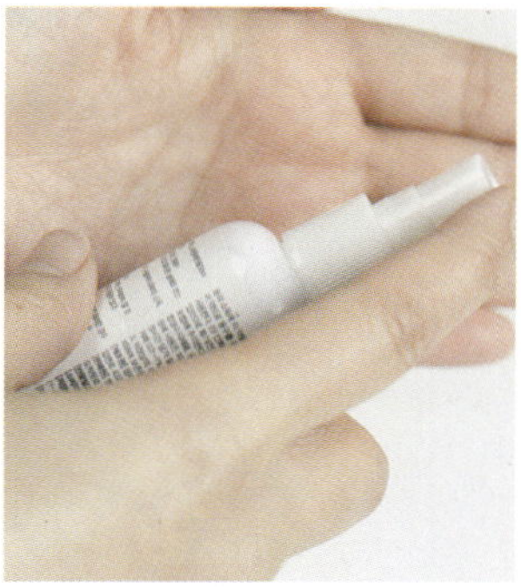

1. 메이크업을 하기 전 손을 소독하고 작업 환경을 청결히 한다.

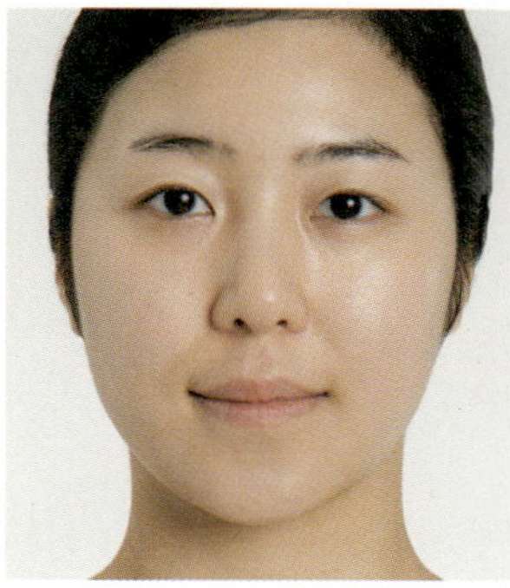

2. 문진, 견진, 촉진을 통해 피부 유형을 분석하고, 피부 유형에 적합한 기초화장품과 바르는 순서를 선택한다.

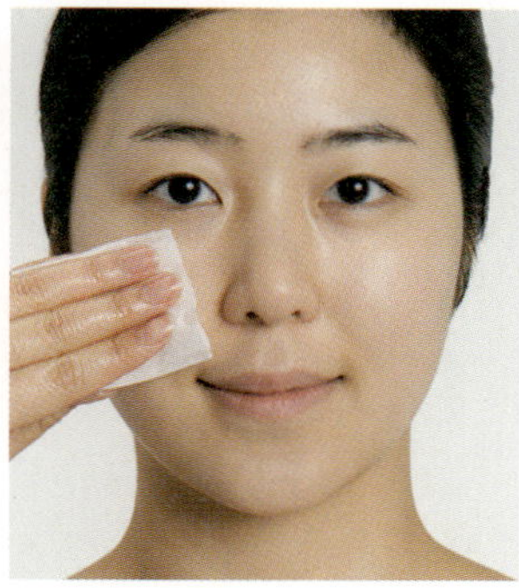

3. 피부에 맞는 스킨로션을 화장솜에 묻혀 피부결을 따라 닦아내듯 바르고, 손가락으로 두드려 흡수시킨다.

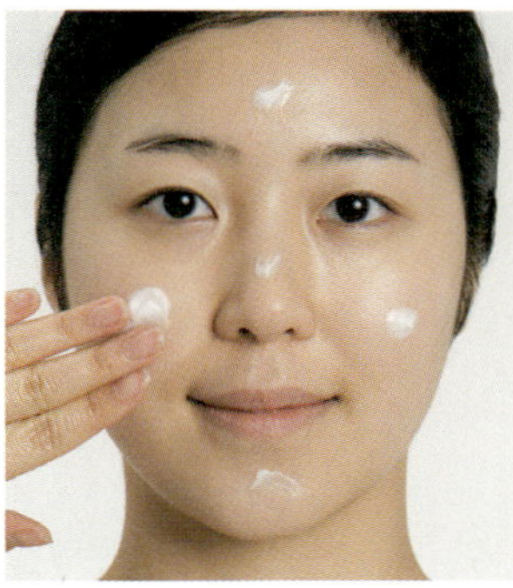

4. 기초화장품을 손가락 끝으로 가볍게 두드리듯 발라 흡수시킨다.

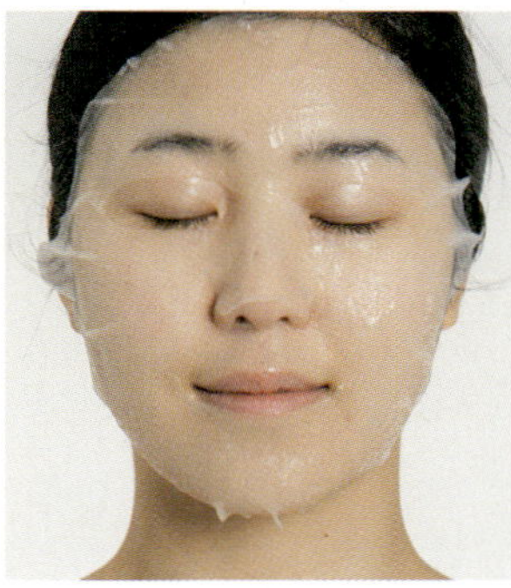

5. 수분공급이 부족한 경우 수분마스크나 미스트를 뿌려 충분히 수분을 공급한다.

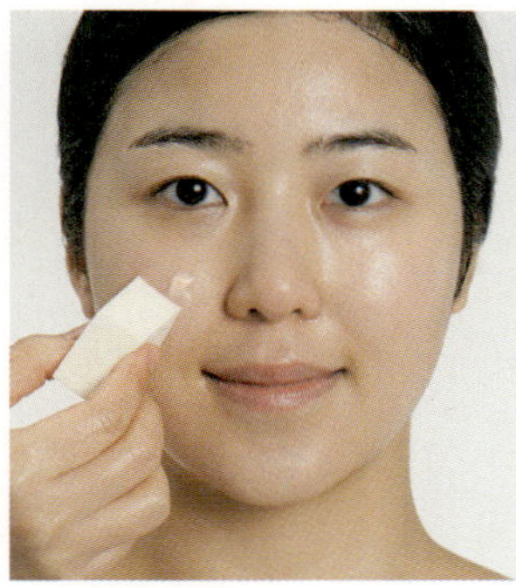

6. 피부톤에 맞는 메이크업 베이스를 선택하여 피부를 보정한다.

7. 피부톤에 맞는 리퀴드 파운데이션으로 피부결을 따라 중심에서 바깥쪽을 향해 펴 바른다.

8. 눈 밑 다크써클과 잡티 등 미처 커버하지 못한 부위에 컨실러를 발라준다.

9. 립 라인, 눈두덩이에 컨실러를 발라 균일하고 깨끗한 피부톤을 만들어준다.

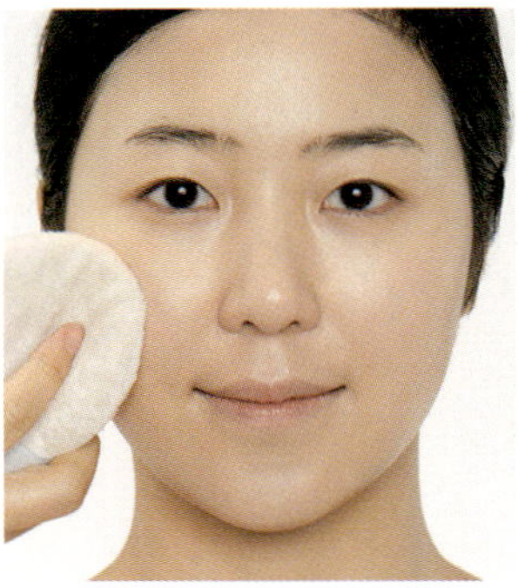

10. 피부 타입에 맞는 파우더를 파우더 퍼프 또는 파우더 브러시를 이용하여 바른다.

11. 눈밑 다크써클, 유분이 많은 눈두덩이, 콧방울 등 좁은 부위는 파우더를 섬세하게 덧바른다.

12. 베이스 메이크업 완성

13. 눈썹은 모델의 눈썹결에 따라 눈썹산에 자연스러운 각을 살려 그려준다.

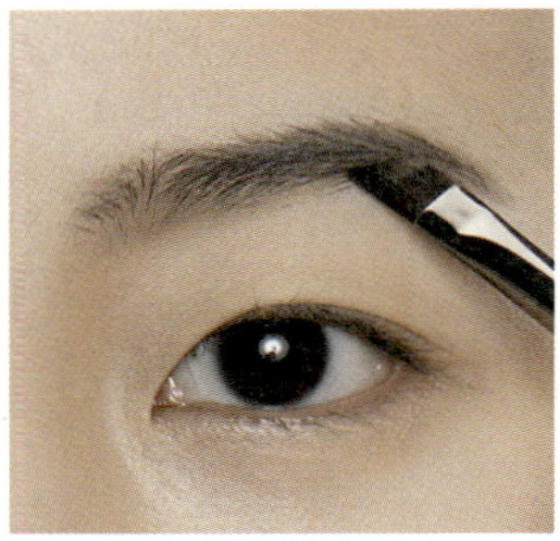

14. 아이브로우 브러시에 브라운 아이섀도를 묻혀 눈썹 모양을 잡아가며 라인을 그려준다.

15. 모발색과 비슷한 아이브로우 마스카라로 눈썹 결 반대방향으로 빗었다가 다시 정방향으로 빗는다.

16. 눈썹뼈에 화이트 아이섀도로 하이라이트를 준다.

17. 눈 앞머리에 화이트 아이섀도로 하이라이트를 준다.

18. 메인컬러(베이지)를 사용하여 눈꼬리 부분부터 아이홀의 1/2까지 자연스럽게 음영을 준다.

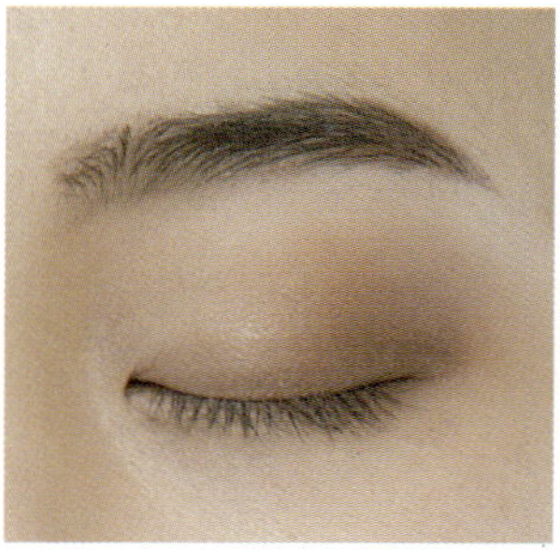

19. 포인트 컬러(브라운)를 사용하여 눈길이의 1/3까지 음영을 준다.

20. 언더 라인에도 포인트 컬러를 사용하여 눈길이의 1/3까지 음영을 준다.

21. 면봉으로 살짝 눌러 드러나는 속눈썹 안쪽 점막과 속눈썹 사이 빈곳을 꼼꼼하게 채워준다.

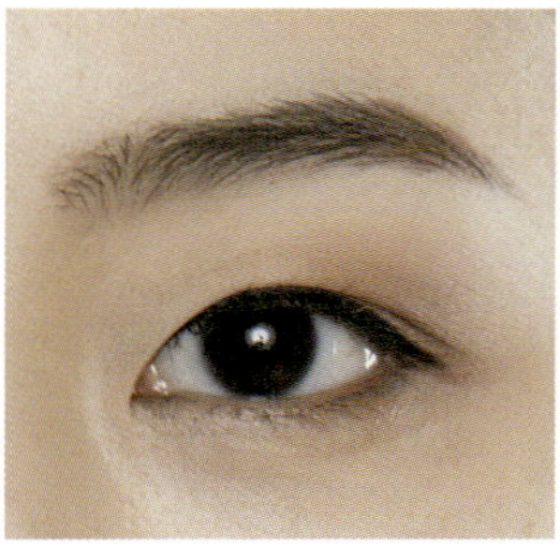

22. 속눈썹 라인을 따라 눈끝까지 그리고 관자놀이 방향으로 눈가를 팽팽하게 만든 후 연장선을 3-5mm 정도 그려준다.

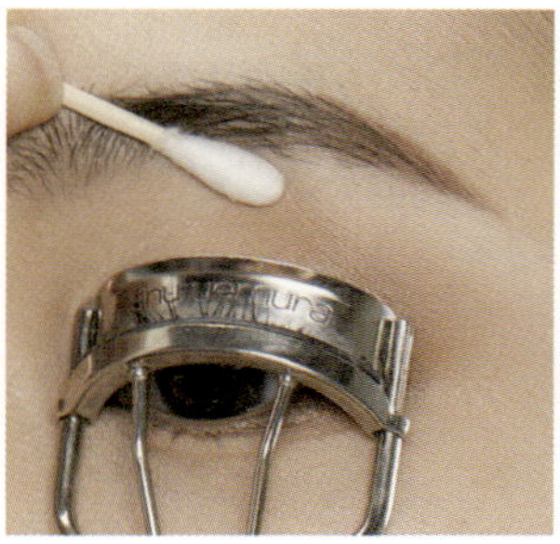

23. 모델의 시선을 아래로 향한 후 뷰러를 최대한 속눈썹 라인에 맞춰 강하게 한번 집고 중간, 끝으로 갈수록 가볍게 집어준다.

24. 마스카라로 속눈썹 윗면을 가볍게 쓸어내리고 면봉으로 눈두덩이를 살짝 들어올려 속눈썹 뿌리를 꼼꼼히 지그재그로 올려 바른다.

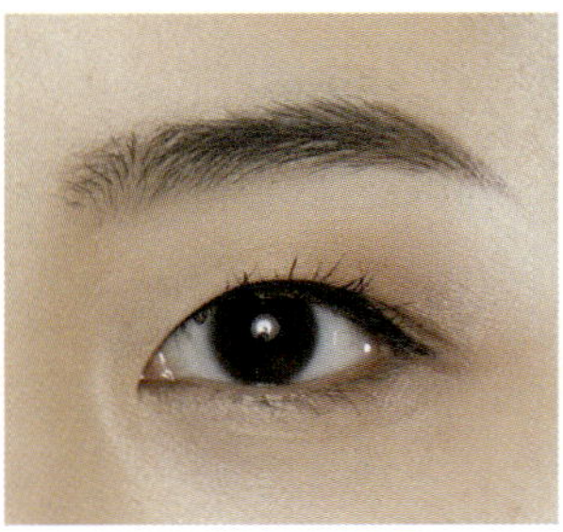

25. 아이 메이크업 완성

26. 블러셔를 브러시에 묻혀 분첩에서 양을 조절한 후 웃어서 볼록 올라오는 애플 존에 바른다.

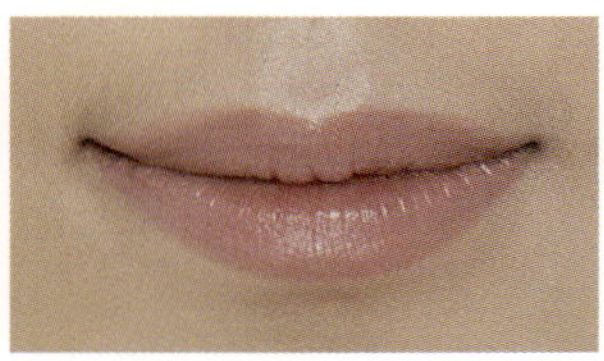

27. 베이지핑크 립스틱을 입술에 균일하게 바른 후 완성한다.

Ⅱ. 러블리 메이크업 (Lovely Make-up)

여성들은 세월이 흘러도 마음 한 켠에 수줍은 소녀의 감성을 가지고 있다. 여성을 가장 사랑스럽게 만드는 컬러는 단연 핑크 컬러이지만 핑크 컬러만 사용하는 원 컬러 메이크업은 자칫 촌스러워질 수 있기 때문에 톤에 변화를 주어 사용하도록 한다. 얼굴의 입체감을 살린 밝고 화사한 피부표현과 색조를 절제한 은은한 펄감의 따뜻하고 순수한 눈매와 꽃잎을 머금은 듯 촉촉한 로즈핑크로 큐트 하면서도 사랑스러운 이미지를 연출한다.

Theme ______________________

BASE

Make-up base ______________________

Foundation ______________________

Concealer ______________________

Powder ______________________

Cheek ______________________

EYE

Eyebrow ______________________

Eye shadow ______________________

Eye Liner ______________________

____

Lip ______________________

로맨틱 메이크업 실습

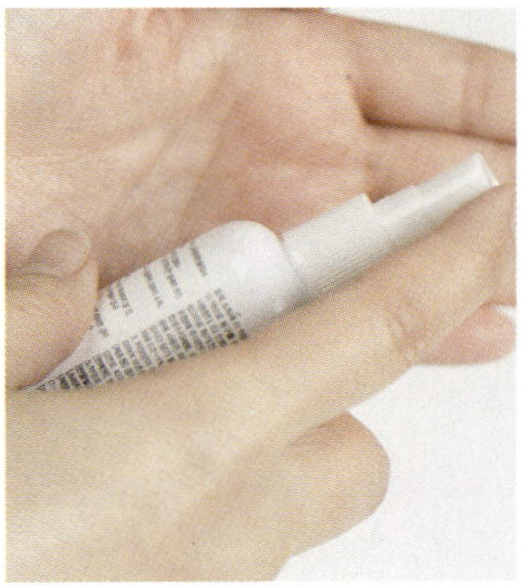

1. 메이크업을 하기 전 손을 소독하고 작업 환경을 청결히 한다.

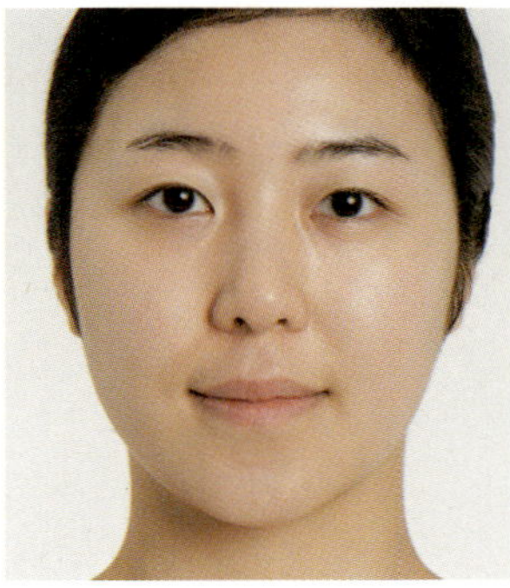

2. 피부 유형을 분석하고, 피부 유형에 적합한 기초화장품과 바르는 순서를 선택한다.

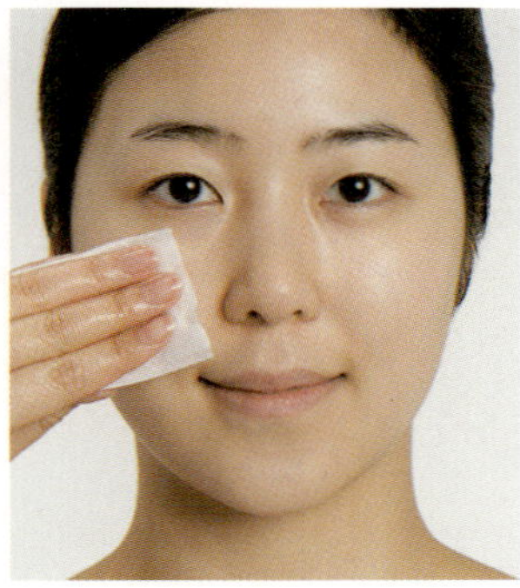

3. 피부에 맞는 스킨로션을 화장 솜에 묻혀 피부결을 따라 닦아내듯 바르고, 손가락으로 두드려 흡수시킨다.

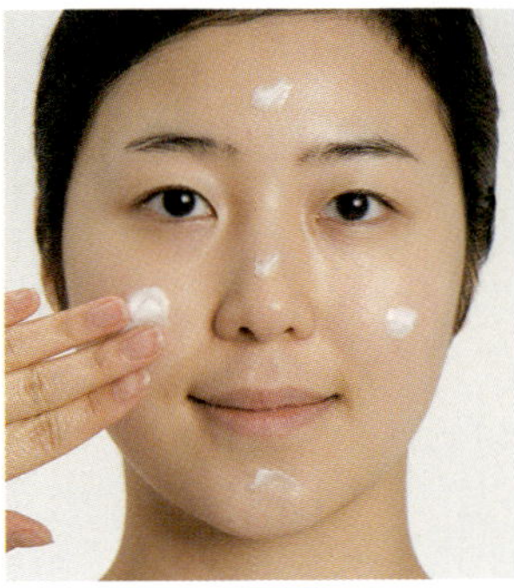

4. 수분 함량이 많은 기초 화장품을 손가락 끝으로 가볍게 두드리듯 발라 흡수시킨다.

5. 피부톤에 맞는 메이크업 베이스를 선택하여 피부를 보정한다.

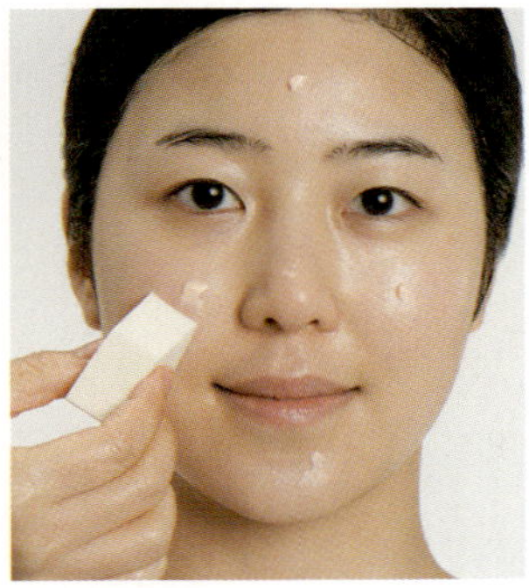

6. 피부톤보다 1-2톤 밝은 파운데이션을 피부결을 따라 중심에서 바깥쪽으로 펴 바른다.

7. 하이라이트, 셰이딩 부분을 그라데이션하여 경계선 없이 자연스럽게 바른다.

8. 눈 밑 다크써클과 잡티 등 미처 커버하지 못한 부위에 컨실러를 발라준다.

9. 립 라인, 눈두덩이에 컨실러를 발라 균일하고 깨끗한 피부톤을 만들어준다.

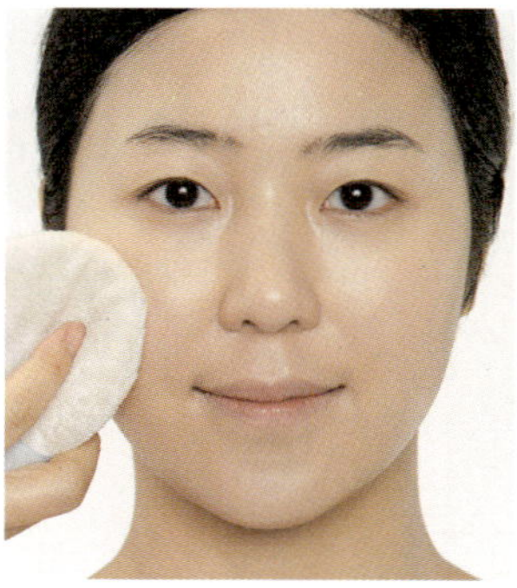

10. 피부 타입에 맞는 파우더를 파우더 퍼프 또는 파우더 브러시를 이용하여 파우더를 바른다.

11. 잔주름이 많은 눈밑 다크써클 유분이 많은 눈두덩이, 콧망울 등 좁은 부위는 파우더를 섬세하게 덧바른다.

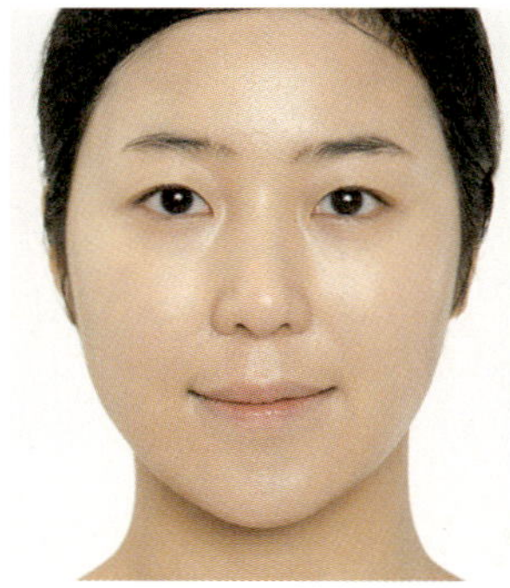

12. 베이스 메이크업 완성

13. 눈썹은 너무 각지지 않고 둥글고 부드러운 느낌으로 그려준다.

14. 사선 브러시를 사용하여 아이브로우 섀도를 자연스럽게 정리한다.

15. 갈색 아이브로 마스카라를 사용하여 모델의 모발색보다 약간 밝게 만들어준다.

16. 펄감이 있는 페일톤의 핑크 아이섀도를 베이스 컬러로 아이홀까지 그라데이션 하듯 발라준다.

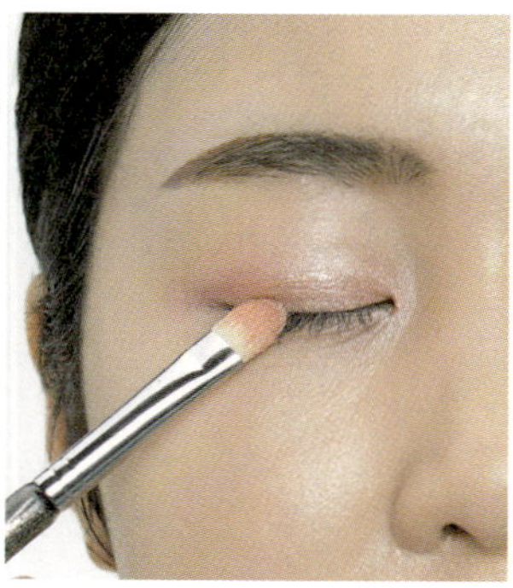

17. 라이트톤의 핑크 아이섀도를 포인트 컬러로 발라준다. 베이스 컬러와 잘 그라데이션 되도록 한다.

18. 아이섀도 완성

19. 브라운 컬러의 펜슬 아이라이너를 사용하여 속눈썹 사이를 메꾸듯 아이라인을 그려준다.

20. 아이래시 컬러를 사용하여 속눈썹을 컬링한다.

21. 속눈썹은 마스카라를 사용하여 자연스럽게 올라가도록 표현한다.

22. 언더에는 화이트 펜슬 아이라이너를 사용하여 점막을 채우듯 그려, 눈을 크고 또렷하게 표현한다.

23. 언더 속눈썹은 마스카라 솔을 세우듯 잡아, 한 올 한 올 자연스럽게 발라준다.

24. 치크는 핑크 계열을 사용하여 광대뼈 안쪽 애플존에 바르고 블렌딩하여, 사랑스러운 이미지를 표현한다.

25. 눈썹뼈, T존, 입술 위에는 은은한 펄감의 하이라이트 처리를 해준다.

26. 로즈핑크 립스틱을 고르게 펴 바르고 립글로스로 마무리한다. 립라인을 그리지 않고 자연스럽게 표현하므로, 필요 시 컨실러로 라인을 잡아준다.

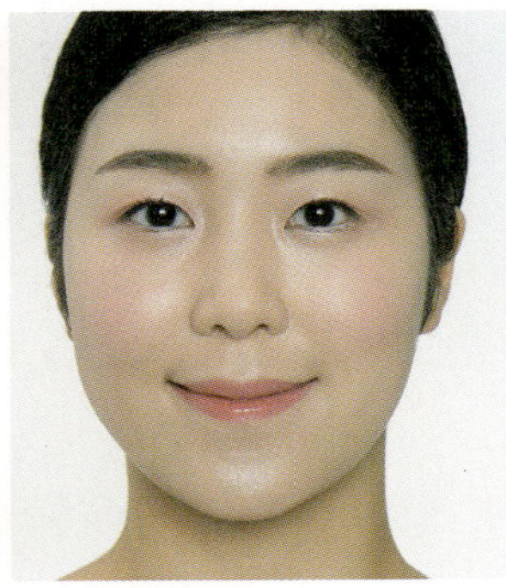

27. 로맨틱 메이크업 완성

Ⅲ. 브론즈 태닝 메이크업 (Bronze Tanning Make-up)

휴양지에서는 창백하고 하얀 피부보다 햇볕에 살짝 그을린 듯 브론즈 컬러 피부가 활기차면서도 매력적으로 보이게 한다. 글로시하면서 건강미 넘치는 브론즈 메이크업은 섀딩과 하이라이터, 블러셔를 적절하게 조화시켜 입체적인 얼굴로 연출해 주는 것이 가장 중요하다. 태닝 메이크업으로 얼굴 피부가 가무잡잡해지면 잡티도 덜 보이고 훨씬 더 섹시해 보이는 효과가 있으며, 아이 메이크업으로 컬러 악센트를 주고 립이나 볼터치도 자연스러운 태닝 피부와 가장 잘 어우러지는 다홍빛의 코랄이나 피치 색상으로 선택하면 휴양지에서 돋보이는 서머 메이크업으로 연출 할 수 있다.

Theme ____________________

BASE

Make-up base ____________________

Foundation ____________________

Concealer ____________________

Powder ____________________

Cheek ____________________

EYE

Eyebrow ____________________

Eye shadow ____________________

Eye Liner ____________________

____

Lip ____________________

브론즈 태닝 메이크업 실습

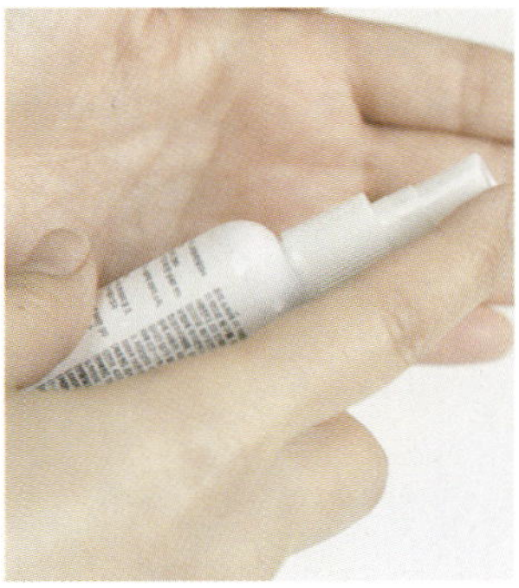

1. 메이크업을 하기 전 손을 소독하고 작업 환경을 청결히 한다.

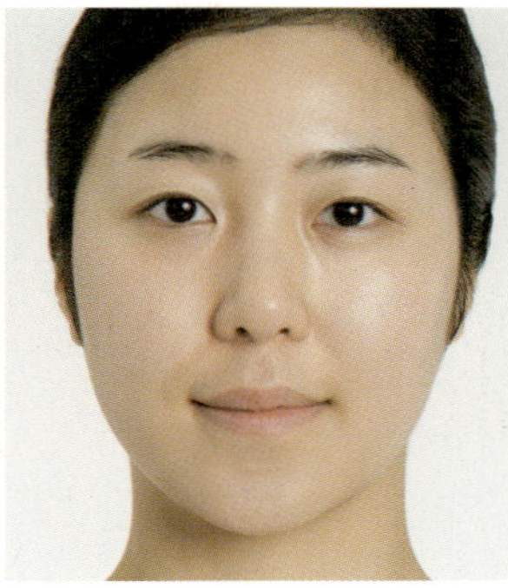

2. 문진, 견진, 촉진을 통해 피부 유형을 분석하고, 피부 유형에 적합한 기초화장품과 바르는 순서를 선택한다.

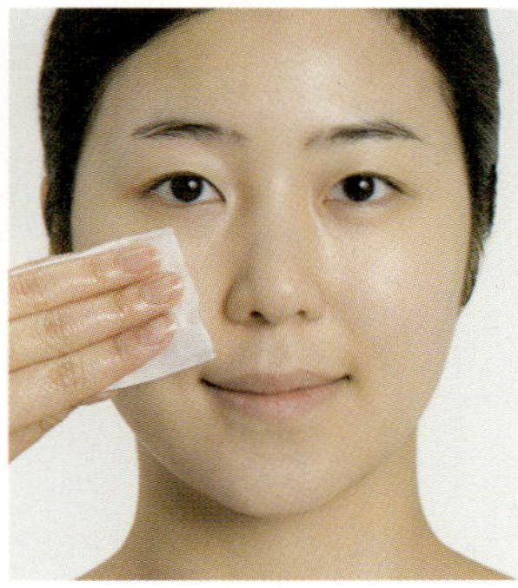

3. 피부에 맞는 스킨로션을 화장 솜에 묻혀 피부결을 따라 닦아내듯 바르고, 손가락으로 두드려 흡수시킨다.

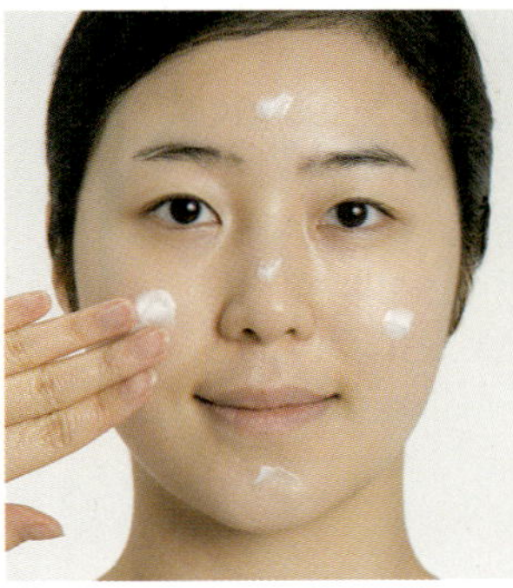

4. 태닝 메이크업은 촉촉하고 반짝이는 피부가 어울리므로 메이크업 전 기초화장품을 충분히 바른다.

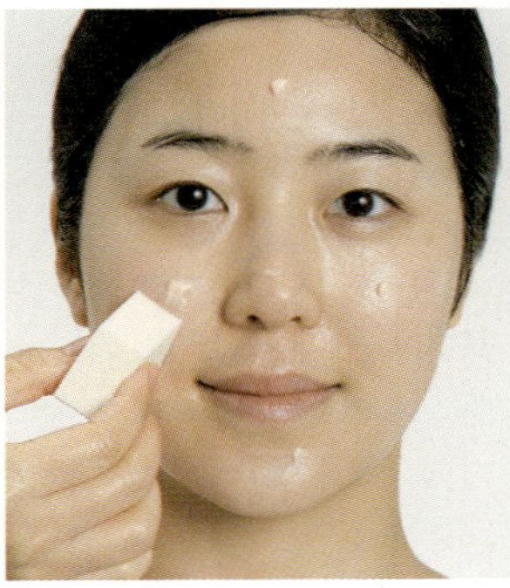

5. 펄 메이크업 베이스 또는 오렌지 컬러의 메이크업 베이스를 사용하여 부드럽게 펴 바른다.

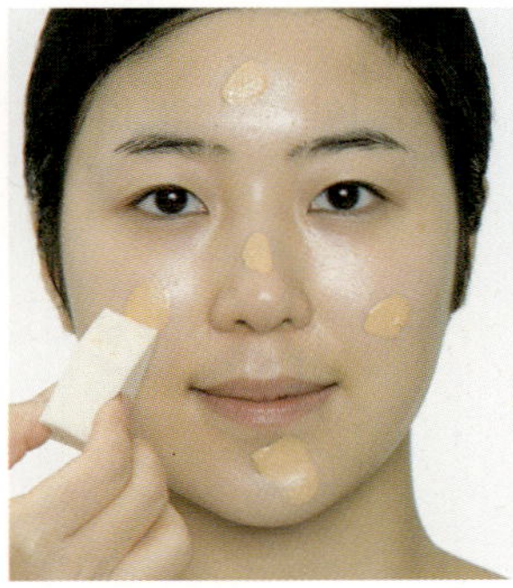

6. 피부톤보다 1~2톤 어두운 리퀴드 파운데이션을 선택한다.

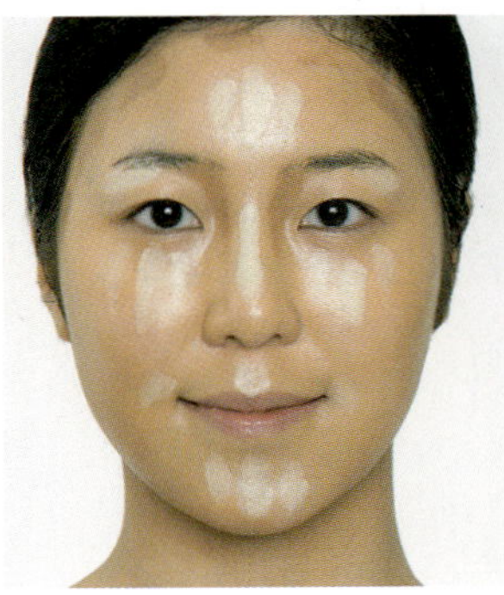

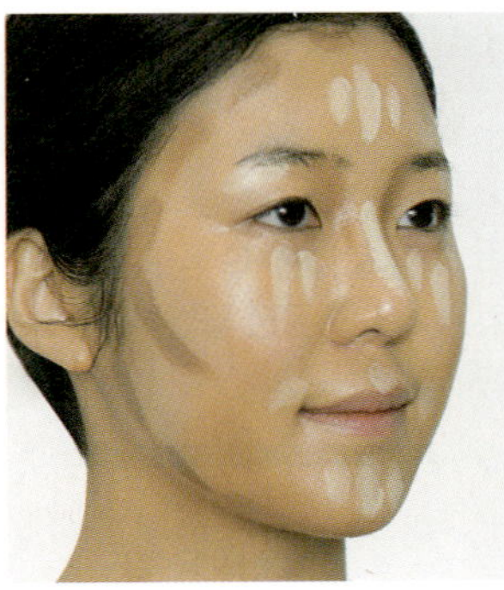

7. 다소 유 · 수분감이 있는 리퀴드 또는 크림 타입의 하이라이트, 섀이딩 처리를 한다. 매트한 제품을 바르면 피부광이 줄어들게 되므로 유의한다.

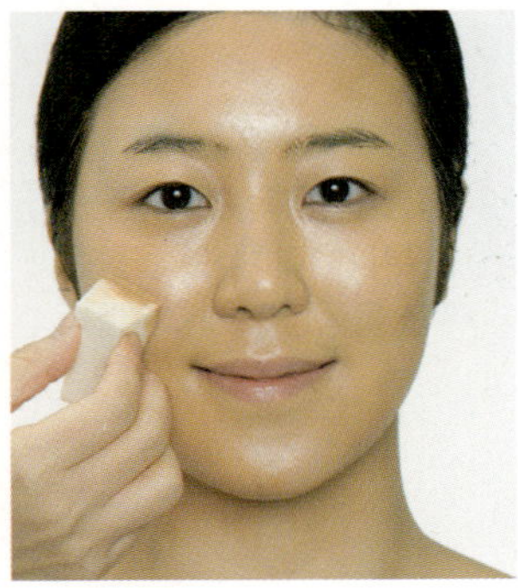

8. 파운데이션 브러시 또는 물에 적신 스펀지로 파운데이션을 마무리한다.

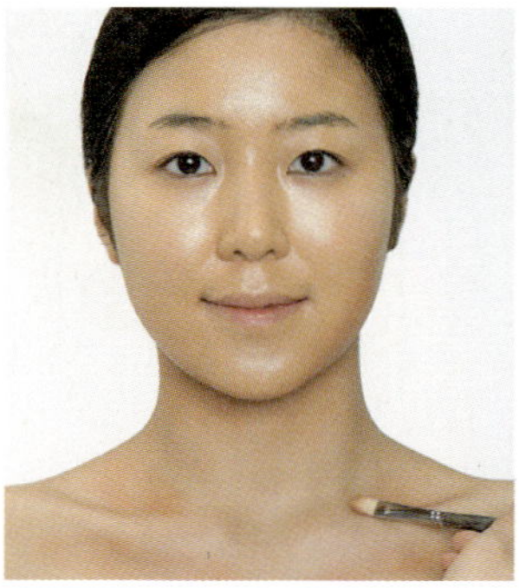

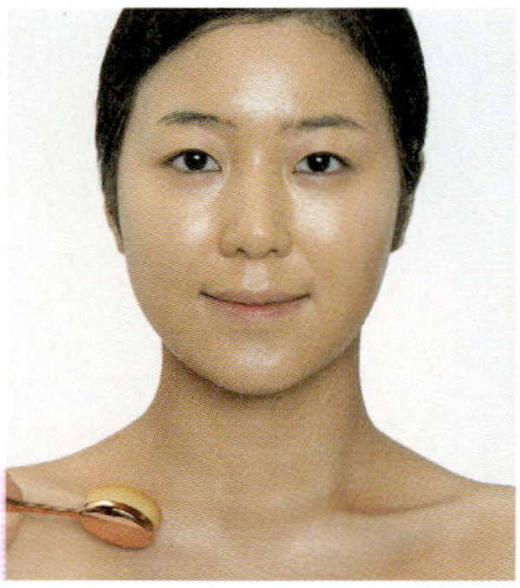

9. 목과 쇄골에도 남은 파운데이션 또는 섀이딩 제품을 사용하여 음영을 처리한다. 쇄골뼈에는 펄이 들어간 하이라이트 제품을 발라 음영을 완성한다.

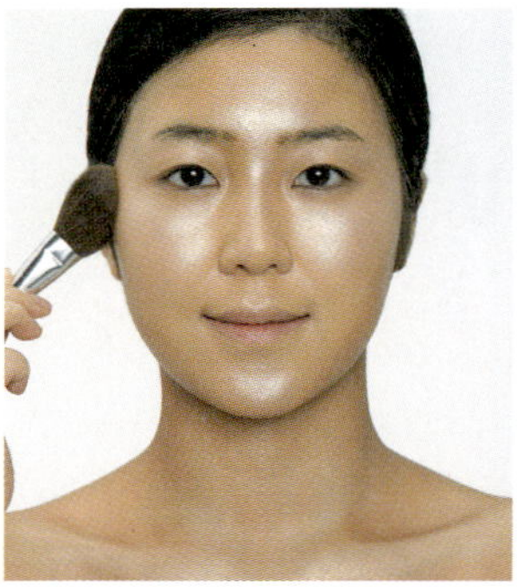

10. 펄이 가미된 파우더를 사용하여 부드럽게 마무리 한다. 매트한 파우더를 사용하면 피부 광이 사라지므로 유의한다.

11. T존, 광대뼈 위, 앞턱, 윗입술 등 돌출된 부위를 펄파우더를 사용하여 처리해주어 광을 더 살려준다.

12. 모델의 눈썹형태를 감안하여 눈썹산을 살리고 끝이 샤프한 시원한 느낌의 눈썹을 그려 준다.

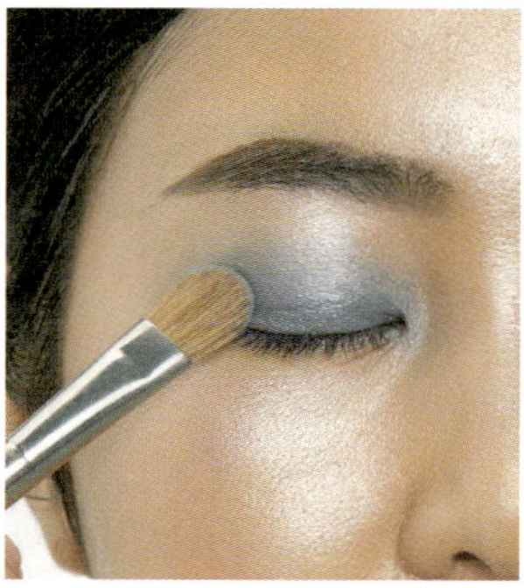

13. 스카이블루 컬러의 아이섀도를 베이스로 표현한다. 아이홀에 자연스럽게 그라데이션 되도록 한다.

14. 언더 아이에도 베이스 컬러를 바른다. 눈의 1/3까지 바르고, 여분으로 눈 앞쪽으로 펴준다.

15. 딥톤의 블루 컬러로 포인트 아이섀도를 표현한다. 베이스 컬러와 자연스럽게 그라데이션 되도록 한다.

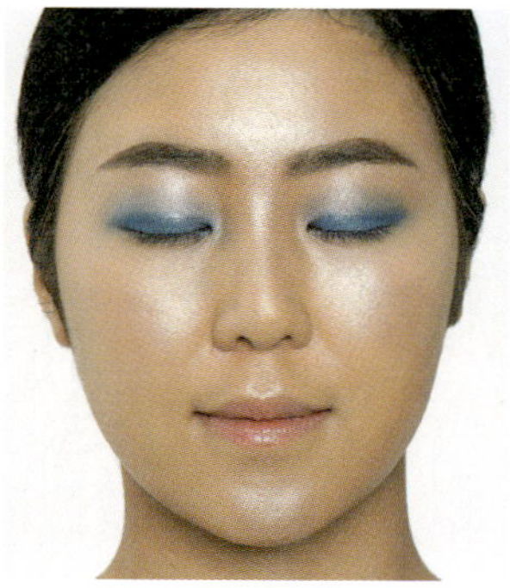

16. 아이섀도 완성

17. 눈매를 또렷하고 시원하게 보이도록 아이라인을 연출한다.

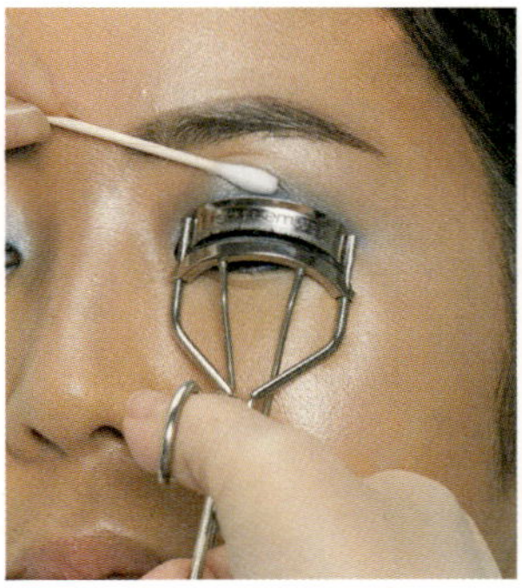

18. 아이래시 컬러를 사용하여 속눈썹을 자연스럽게 컬링한다.

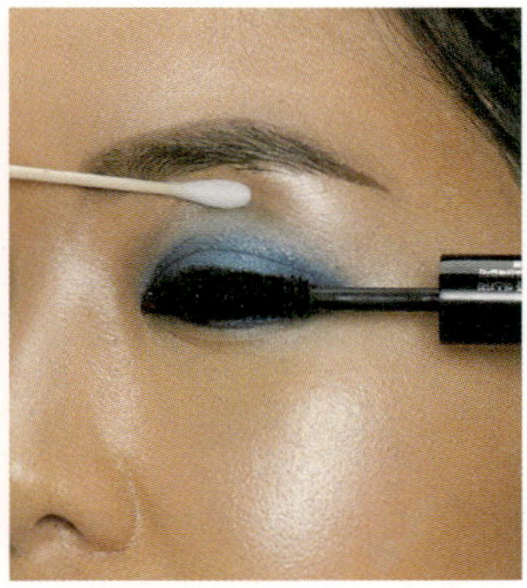

19. 마스카라로 속눈썹 뿌리부터 끝까지 발라준다. 아이섀도에 묻지 않도록 유의한다.

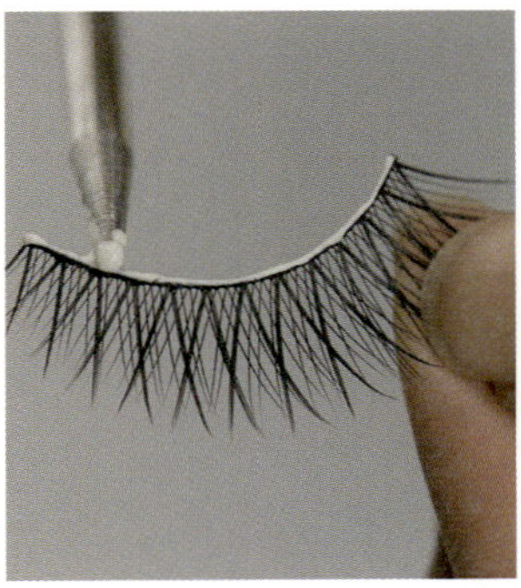

20. 인조속눈썹은 시원한 느낌이 드는 사이즈와 형태를 선택하고, 펄감이 있는 속눈썹도 좋다. 필요에 따라 눈썹을 가닥으로 잘라 붙여주어도 좋다.

21. 오렌지 또는 피치 계열을 사용하여 치크를 표현한다. 타원형 또는 사선으로 표현하여 액티브한 느낌을 살려준다.

22. 필요 시 브론즈 파우더 등을 사용하여 다시 한번 터치하여 자연스러운 섀딩 효과를 주도록 한다.

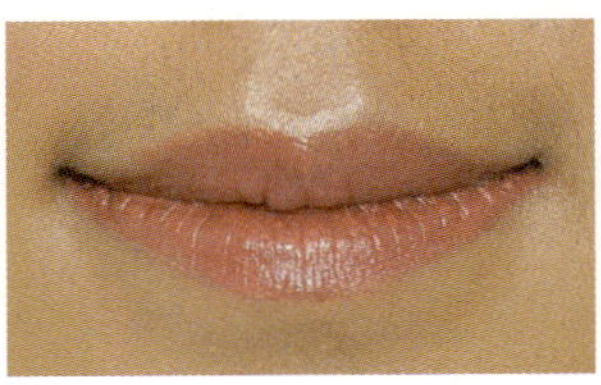

23. 오렌지 또는 피치 계열의 립컬러를 적용하여 마무리한다. 립글로스로 글로시하게 표현해도 좋다.

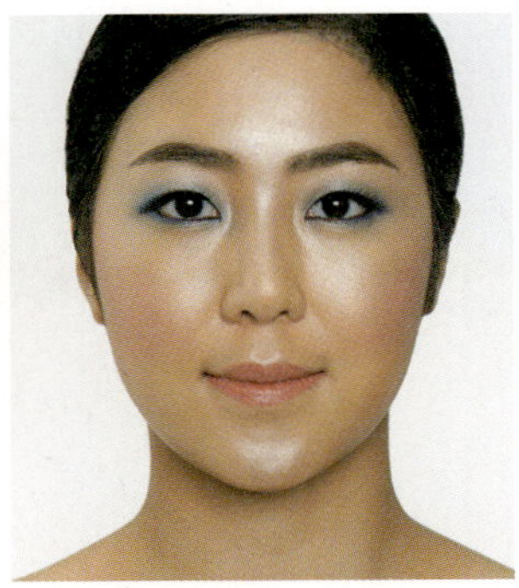

24. 브론즈 태닝 메이크업 완성

Ⅳ. 스모키 메이크업 (Smoky Make-up)

스모키 메이크업의 사전적 의미는 '연기 나는', '그을린', '자욱한' 이란 뜻으로 사용하는 컬러나 표현 방법에 따라서 이미지가 달라질 수 있다. 무엇보다 눈이 강조된 메이크업이기 때문에 피부와 입술은 내추럴하게 표현하고 도시적이고 세련된 눈매와 전체적으로 조화를 이루는 것이 중요하다.

Theme ______________________

BASE

Make–up base ______________________

Foundation ______________________

Concealer ______________________

Powder ______________________

Cheek ______________________

EYE

Eyebrow ______________________

Eye shadow ______________________

Eye Liner ______________________

____

Lip ______________________

스모키 메이크업 실습

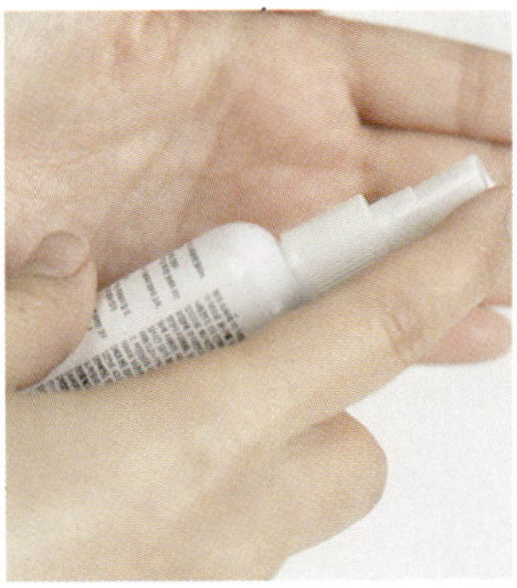

1. 메이크업을 하기 전 손을 소독하고 작업 환경을 청결히 한다.

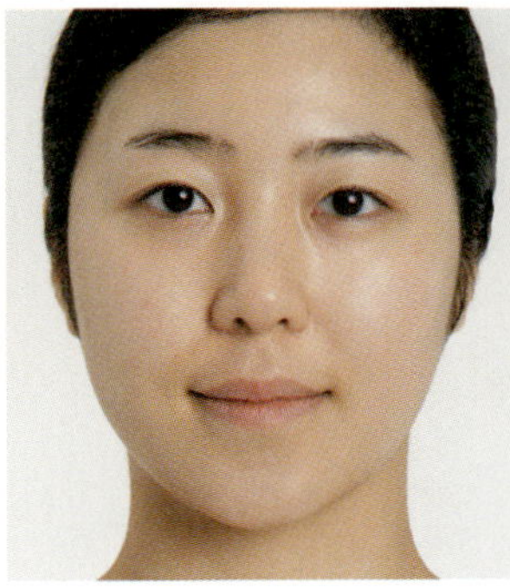

2. 문진, 견진, 촉진을 통해 피부 유형을 분석하고, 피부 유형에 적합한 기초화장품과 바르는 순서를 선택한다.

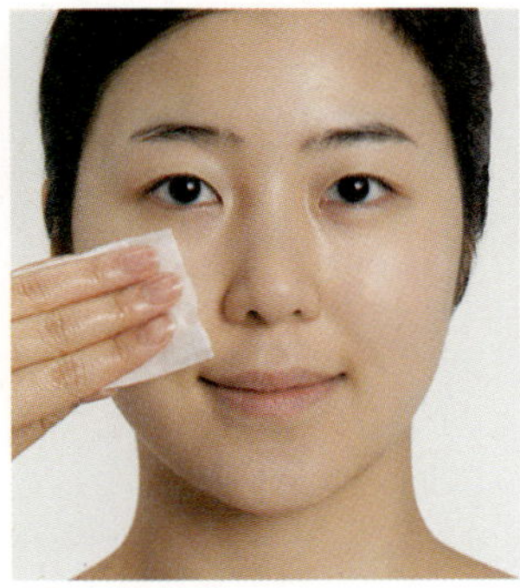

3. 피부에 맞는 스킨로션을 화장솜에 묻혀 피부결을 따라 닦아내듯 바르고, 손가락으로 두드려 흡수시킨다.

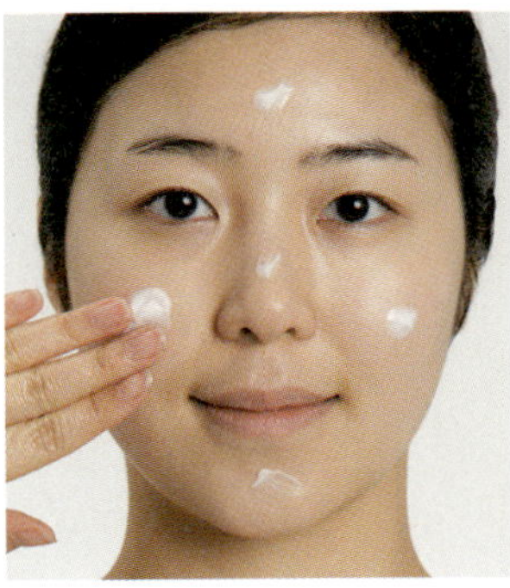

4. 피부에 맞는 로션, 에센스, 크림 등의 기초화장품을 손가락 끝으로 가볍게 두드리듯 발라 흡수시킨다.

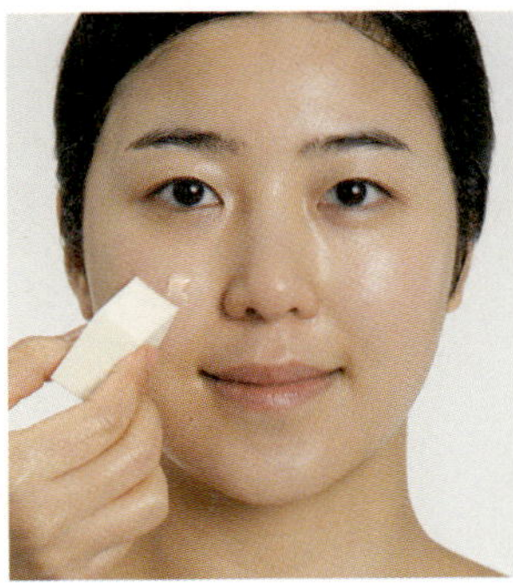

5. 피부톤에 맞는 메이크업 베이스를 선택하여 피부를 보정한다.

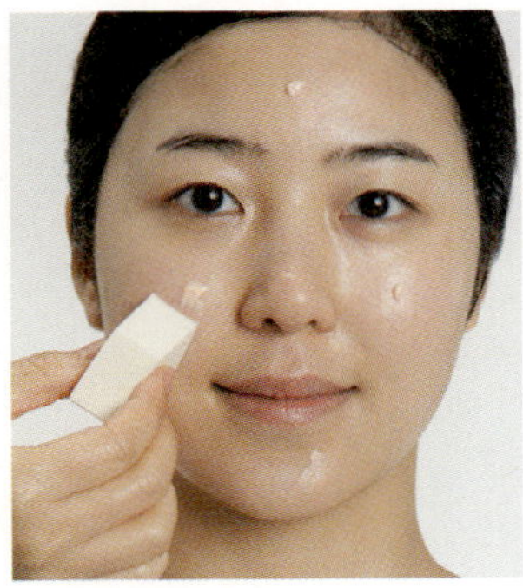

6. 피부톤에 맞는 파운데이션을 스펀지 또는 파운데이션 브러시로 얼굴 중심에서 바깥쪽으로 바른다.

7. 하이라이트, 셰이딩 부분을 그라데이션하여 경계선 없이 자연스럽게 바른다.

8. 눈 밑 다크써클과 잡티 등 미처 커버하지 못한 부위, 립라인, 눈두덩이에 컨실러를 발라 균일하고 깨끗한 피부톤을 만들어준다.

9. 피부타입에 맞는 파우더를 파우더 퍼프 또는 파우더 브러시를 이용하여 파우더를 바른다.

10. 잔주름이 많은 눈밑 다크써클 유분이 많은 눈두덩이, 콧방울 등 좁은 부위는 파우더를 섬세하게 덧바른다.

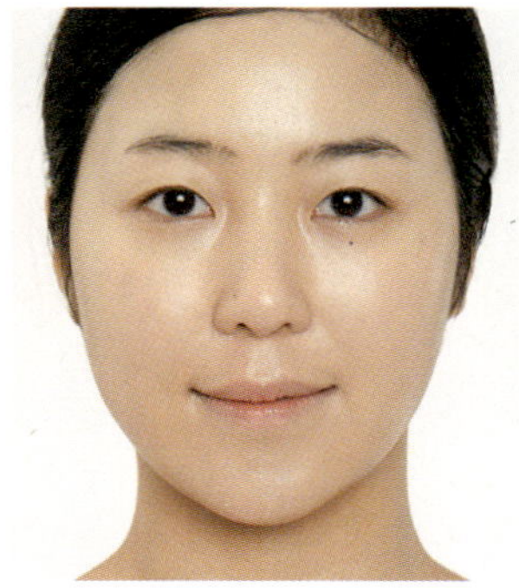

11. 베이스 메이크업 완성

12. 눈썹은 모델의 눈썹결에 따라 눈썹산에 자연스러운 각을 살려 그려준다.

13. 사선 브러시를 사용하여 아이브로우 섀도를 자연스럽게 처리한다.

14. 펄감이 있는 라이트 브라운 컬러의 아이섀도를 베이스 컬러로 그라데이션 하듯 발라준다.

15. 베이스 컬러의 아이섀도는 속눈썹과 쌍꺼풀부터 바른 후, 아이홀까지 자연스럽게 그라데이션 한다.

16. 브라운 컬러의 아이섀도를 메인 컬러로 발라준다. 베이스 컬러와 잘 그라데이션 되도록 한다.

17. 베이스 컬러와 메인 컬러가 자연스럽게 그라데이션 되도록 블렌딩 한다.

18. 블랙 포인트 컬러로 메인 컬러와 그라데이션하여 표현한다. 가루가 떨어지지 않도록 유의한다.

19. 스모키 스타일 아이섀도 완성

20. 젤 타입 또는 리퀴드 타입 아이라이너를 사용하여 아이라인을 상승형으로 그린다. 언더라인도 그려준다.

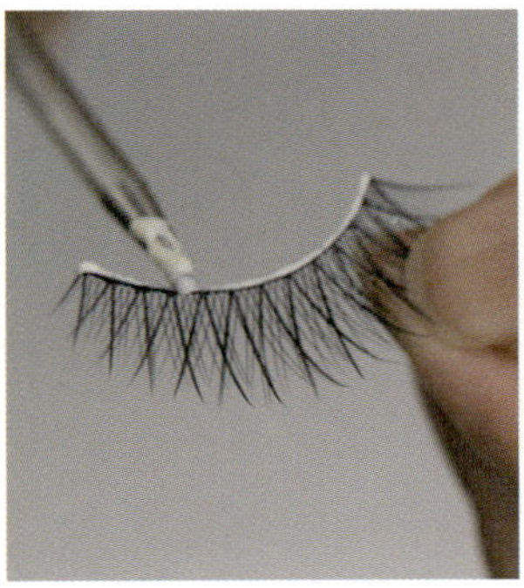

21. 속눈썹은 뷰러로 컬링한후 마스카라 픽서로 컬을 고정시키고 인조속눈썹을 붙인다.

22. 아이라인과 마스카라등 마무리 수정하고, 글래머러스한 아이 메이크업을 완성 한다.

23. 치크는 피치 계열을 사용하여 사선으로 바르고 블렌딩하여 시크한 이미지를 표현한다.

24. 누드톤의 매트 립스틱을 바르고, 입술 외곽에 컨실러를 처리하여 깔끔하게 마무리 한다.

25. 입술 메이크업 완성

26. 스모키 메이크업 완성

참고문헌

- 「기초 메이크업 (LM1201010315_16)」 교육부(한국직업능력개발원), 2017
- 「합격 보장 미용사 메이크업 필기」 곽지은, 박효원, 유한나, 조애라, 홍은주, 성안당, 2016
- 「합격보장 미용사 메이크업 실기」 박효원, 유한나, 진현용, 성안당, 2016
- 「포니의 스타일 메이크업북」 박혜민, ㈜이퍼블릭, 2015
- 「서수진의 올 댓 메이크업」 서수진, ㈜페퍼민트, 2014
- 「김활란의 메이크업 뷰티」 김활란, 미호, 2014
- 「베이직 메이크업」 김은희, 신세영, 임소연, ㈜교문사, 2012
- 「오세희의 Style Make-up」 오세희, 성안당, 2011
- 「메이크업 디자인」 오인영 외, 훈민사, 2009
- 「Make-up Basic」 권태순, 송미영, 훈민사, 2007
- 패션전문자료사전, 패션전문자료편찬위원회, 한국사전연구사, 1997

- www.ncs.go.kr
- https://www.makeupforever.com/kr/ko-kr
- https://www.bobbibrown.co.kr
- www.google.com
- www.naver.com
- pixabay.com